❶ はじめに

本誌の目的は、一般座標変換において式の形が変わらな
る。まず、運動方程式について説明をしておく。運動方程式は、ニュートン力学では以下
の式で提示される。

$$m\vec{a} = \vec{F} \tag{1}$$

m は質点の質量、$\vec{a}$ は質点の加速度、$\vec{F}$ は質点に働く力である。右辺と左辺を逆に書
いてある場合もあるが、ここでは質点の加速度を求める式と捉えて、式 (1) のように記載
する。

式 (1) は、質点の運動量 $\vec{P}$ を用いて次のように書くことができる。

$$\frac{d\vec{P}}{dt} = \vec{F} \tag{2}$$

運動量という概念を使えば、運動方程式は、質点に力が働いたときに運動量が変化する
さまを表している、ということができる。あるいは、運動量を変えるものが力である、と
解釈することもできる。

式 (2) を特殊相対性理論の形式に拡張するには、運動量及び力を 4 元ベクトルにして、
時間 t の代わりに固有時 τ にすればよい。そうすると、運動方程式は次のようになる。

$$\frac{dP^\mu}{d\tau} = F^\mu \tag{3}$$

式 (3) はローレンツ変換に対して不変であるが、一般座標変換に対しては不変ではない。
それは次のようにして分かる。左辺の P^μ は、x 系から x' 系への一般座標変換に対して次
のように変換する。

$$P'^\mu = \frac{\partial x'^\mu}{\partial x^\nu} P^\nu \tag{4}$$

これを使うと、式 (3) の左辺を x' 系で表したものは、

$$\begin{aligned}\frac{dP'^\mu}{d\tau'} &= \frac{d}{d\tau'}\left(\frac{\partial x'^\mu}{\partial x^\nu}P^\nu\right) = \frac{d}{d\tau'}\left(\frac{\partial x'^\mu}{\partial x^\nu}\right)P^\nu + \frac{\partial x'^\mu}{\partial x^\nu}\frac{dP^\nu}{d\tau'} \\ &= \frac{d}{d\tau}\left(\frac{\partial x'^\mu}{\partial x^\nu}\right)P^\nu + \frac{\partial x'^\mu}{\partial x^\nu}\frac{dP^\nu}{d\tau}\end{aligned} \tag{5}$$

右辺の τ' が τ になっているのは、τ がスカラーなので、τ' を τ にしても変わらないこ
とを使っている。右辺の第一項がなければ、$\frac{dP'^\mu}{d\tau'} = \frac{\partial x'^\mu}{\partial x^\nu}\frac{dP^\nu}{d\tau}$ となり、$\frac{dP^\nu}{d\tau}$ はベクト
ル変換することが分かる。右辺の第一項は、座標変換の行列 $\left(\frac{\partial x'^\mu}{\partial x^\nu}\right)$ の τ 微分であるが、
これは次のように解釈される。第一項を次のように変形する。

$$\frac{d}{d\tau}\left(\frac{\partial x'^\mu}{\partial x^\nu}\right)P^\nu$$

$$= \frac{dx^\lambda}{d\tau}\frac{\partial}{\partial x^\lambda}\left(\frac{\partial x'^\mu}{\partial x^\nu}\right)P^\nu = \frac{1}{m}P^\lambda\frac{\partial}{\partial x^\lambda}\left(\frac{\partial x'^\mu}{\partial x^\nu}\right)P^\nu = \frac{1}{m}P^\lambda P^\nu\frac{\partial}{\partial x^\lambda}\left(\frac{\partial x'^\mu}{\partial x^\nu}\right) \quad (6)$$

これは、座標変換行列の座標微分に、質点の運動量を 2 つ掛けたもの (を m で割ったもの) である。座標変換式が座標の 1 次式であれば、座標変換行列は座標に依存しないものになり、座標変換行列の座標微分は 0 となるから、その場合、第一項は 0 である。ローレンツ変換式はこのような変換なので、$\frac{dP^\nu}{d\tau}$ はベクトル変換することになり、式 (3) はローレンツ変換に対して不変であることが分かる。しかし、一般座標変換では、式 (3) は不変ではない。

座標変換行列が座標に依存するものの代表的なものに、慣性系から加速度系への座標変換がある。この場合、第一項は 0 ではない。そしてこのような場合、加速度系に慣性力が現れることが知られている。このことから、第一項は慣性力に関係していると考えられる。

式 (3) を一般座標変換で不変にするためには、力 F^ν が $\frac{dP^\nu}{d\tau}$ と同じように座標変換する必要がある。つまりそれは、式 (5) と同じように、座標変換によって力 F^ν にも慣性力に関係する項が生じるということである。そのような力 F^ν とはどういうものかを求めるのが、本誌の目的である。そのためにまず、力 F^ν がどのような式を満足するのかを調べることにする。

❷ 力が満たす式

力 F^ν が満たす式は、式 (3) が常に成り立つものとすれば、$\frac{dP^\nu}{d\tau}$ が満たす式を求めることに他ならない。そこでまず、エネルギー運動量ベクトル P^ν の内積を τ で微分してみる。ここでは、計量テンソルの時間成分 g_{00} を正としているので、エネルギー運動量ベクトル P^ν の内積は次の式となる。

$$g_{\mu\nu}P^\mu P^\nu = (mc)^2 \quad (7)$$

これを τ 微分すると、右辺は定数なので 0 となる。左辺は次のようになる。

$$\frac{d}{d\tau}(g_{\mu\nu}P^\mu P^\nu) = \frac{dg_{\mu\nu}}{d\tau}P^\mu P^\nu + g_{\mu\nu}\frac{dP^\mu}{d\tau}P^\nu + g_{\mu\nu}P^\mu\frac{dP^\nu}{d\tau}$$

上記式の右辺第三項で、和を取っている添字は他の文字に変えても構わないので、μ と ν を入れ替えると、

$$\frac{d}{d\tau}(g_{\mu\nu}P^\mu P^\nu) = \frac{dg_{\mu\nu}}{d\tau}P^\mu P^\nu + g_{\mu\nu}\frac{dP^\mu}{d\tau}P^\nu + g_{\nu\mu}P^\nu\frac{dP^\mu}{d\tau}$$

$g_{\mu\nu}$ は対称テンソルであるから、第二項と第三項は同じものである。従って上記式は、

次のようになる。
$$\frac{d}{d\tau}(g_{\mu\nu}P^\mu P^\nu) = \frac{dg_{\mu\nu}}{d\tau}P^\mu P^\nu + 2g_{\mu\nu}\frac{dP^\mu}{d\tau}P^\nu \tag{8}$$

式 (3) に基づき、F^μ は $\frac{dP^\mu}{d\tau}$ と同じ式を満たすとしているので、式 (8) は次のようになる。

$$\frac{d}{d\tau}(g_{\mu\nu}P^\mu P^\nu) = \frac{dg_{\mu\nu}}{d\tau}P^\mu P^\nu + 2g_{\mu\nu}F^\mu P^\nu \tag{9}$$

第一項の $\frac{dg_{\mu\nu}}{d\tau}$ は、座標の関数である $g_{\mu\nu}$ の τ 微分であるが、次のように解釈する。

$$\frac{dg_{\mu\nu}}{d\tau} = \frac{dx^\lambda}{d\tau}\frac{\partial g_{\mu\nu}}{\partial x^\lambda} = \frac{1}{m}P^\lambda \frac{\partial g_{\mu\nu}}{\partial x^\lambda} \tag{10}$$

つまり、エネルギー運動量ベクトル P^λ と、その質点が存在する時空点での計量テンソル $g_{\mu\nu}$ の座標微分を掛けたものである。

式 (7) の右辺の τ 微分は 0 であるから、結局、

$$\frac{dg_{\mu\nu}}{d\tau}P^\mu P^\nu + 2g_{\mu\nu}F^\mu P^\nu = 0 \tag{11}$$

が成り立つことになる。この式は、F^μ、P^ν が何であっても、式 (3) が成り立つ限り成立するものである。

さて、ここで、少し寄り道になるが、ベクトルやテンソルの添字の上下の位置について、決めごとをしておく。ベクトル表記には、上付き添字の反変ベクトルと、下付き添字の共変ベクトルがある。直感的に分かるようにするため、ここでは、反変ベクトル、共変ベクトルとは言わずに、上付きベクトル、下付きベクトルと言うことにする。添字の上下は、計量テンソルを使って上げ下げできる。

$$P^\mu = g^{\mu\nu}P_\nu \text{ 及び、} P_\lambda = g_{\lambda\rho}P^\rho \tag{12}$$

$g^{\mu\nu}$ は $g_{\lambda\rho}$ の逆行列である。今後ベクトルを使って具体的な式を解いていくことを考えると、同一ベクトルの添字は上下どちらか一方に統一しておく方がよい。そこで、運動量は上付き添字を用いることにする。すなわち、P^μ と表記する。この理由は、運動量と対をなす物理変数である座標 x^μ が上付きだからである。これに対し、座標の関数である場の量などは、下付き添字で表わす。その理由は、場の量は、座標微分されることがよくあり、座標微分は下付き添字となるからである。厳密に使い分ける訳ではないが、基本的には上記の考え方に基づいて使い分ける。

今後、テンソルを使った計算が頻繁に出てくる。そこで、テンソルの概要ついて付録 1 にまとめているので、参照されたい。

さて、もう少し寄り道をして、下付きの F_μ について考える。上付きの F^μ は、式 (3)

によって定義される。そこで、下付きの F_μ は、次の式で定義されるものとする。

$$F_\mu = \frac{dP_\mu}{d\tau} \tag{13}$$

F_μ と F^μ の間の関係は、式 (12) とは違うものになる。なぜならば、F^μ はベクトルではないからである。式 (13) に式 (12) を使うと、

$$F_\mu = \frac{dP_\mu}{d\tau} = \frac{d}{d\tau}(g_{\mu\rho}P^\rho) = \frac{dg_{\mu\rho}}{d\tau}P^\rho + g_{\mu\rho}\frac{dP^\rho}{d\tau} = \frac{dg_{\mu\rho}}{d\tau}P^\rho + g_{\mu\rho}F^\rho \tag{14}$$

従って、

$$g_{\mu\rho}F^\rho = F_\mu - \frac{dg_{\mu\rho}}{d\tau}P^\rho \tag{15}$$

同様にして、

$$F^\mu = \frac{dP^\mu}{d\tau} = \frac{d}{d\tau}(g^{\mu\rho}P_\rho) = \frac{dg^{\mu\rho}}{d\tau}P_\rho + g^{\mu\rho}\frac{dP_\rho}{d\tau} = \frac{dg^{\mu\rho}}{d\tau}P_\rho + g^{\mu\rho}F_\rho$$

従って、

$$g^{\mu\rho}F_\rho = F^\mu - \frac{dg^{\mu\rho}}{d\tau}P_\rho \tag{16}$$

ここで本題に戻ろう。式 (11) を考えるにあたって、$\frac{dg_{\mu\nu}}{d\tau} = 0$ の場合を考える。そうすると式 (11) は、

$$g_{\mu\nu}F^\mu P^\nu = 0$$

となる。ここで式 (15) を使うと、今は $\frac{dg_{\mu\rho}}{d\tau} = 0$ であるから、$g_{\mu\rho}F^\rho = F_\mu$ が成り立つことになり、式 (11) は以下のようになる。

$$F_\nu P^\nu = 0 \tag{17}$$

式 (17) は、力と運動量の内積が、運動量に関係なく、常に 0 になることを示している。このことは、力と運動量が独立ではないことを示唆している。そこで、力が次のように書けると仮定する。

$$F_\nu = \mathcal{F}_{\nu\mu}P^\mu \tag{18}$$

これを式 (17) に入れると、

$$\mathcal{F}_{\nu\mu}P^\mu P^\nu = 0 \tag{19}$$

任意の P^μ に対して式 (19) が成り立つためには、$\mathcal{F}_{\nu\mu}$ が反対称、すなわち、$\mathcal{F}_{\nu\mu} = -\mathcal{F}_{\mu\nu}$ が成り立てばよい。これを使うと、運動方程式は次のようになる。

$$\frac{dP^\lambda}{d\tau} = g^{\lambda\mu}\mathcal{F}_{\mu\nu}P^\nu \tag{20}$$

運動方程式がこのような形になる $\mathcal{F}_{\mu\nu}$ として、電磁場のテンソルが知られている。具体的には次のようなものである。$\mathcal{F}_{\mu\nu}$ を次のようにおく。

$$\mathcal{F}_{\mu\nu} = \frac{q}{m} f_{\mu\nu}$$

$$f_{\mu\nu} = \begin{pmatrix} 0 & E_1/c & E_2/c & E_3/c \\ -E_1/c & 0 & -B_3 & B_2 \\ -E_2/c & B_3 & 0 & -B_1 \\ -E_3/c & -B_2 & B_1 & 0 \end{pmatrix}$$

ここで、$\dfrac{dP^\lambda}{d\tau} = \dfrac{dP^\lambda}{dt}\dfrac{P^0}{mc}$ の関係式と、上記の $\mathcal{F}_{\mu\nu}$ を使うと、式 (20) は以下となる。

$$\frac{dP^\lambda}{dt} = qcg^{\lambda\mu} f_{\mu\nu} \frac{P^\nu}{P^0}$$

P^1 に対する運動方程式は、

$$\frac{dP^1}{dt} = qcg^{11}\left(f_{10}\frac{P^0}{P^0} + f_{12}\frac{P^2}{P^0} + f_{13}\frac{P^3}{P^0}\right)$$

$g^{11} = -1$、$\dfrac{P^i}{P^0} = \dfrac{v^i}{c}$ を使うと、

$$\text{右辺} = -qc\left(-E_1/c - B_3\frac{v^2}{c} + B_2\frac{v^3}{c}\right) = qE_1 + q\left(v^2 B_3 - v^3 B_2\right)$$

3 次元ベクトル表記をすれば、

$$\frac{d\vec{P}}{dt} = q\vec{E} + q\left(\vec{v}\times\vec{B}\right)$$

このように、よく知られた形となる。

さて、次は $\dfrac{dg_{\mu\rho}}{d\tau} \neq 0$ の場合を考える。この場合は、$\mathcal{F}_{\nu\mu}$ の他に、添字について反対称ではない量が加わるものと考える。すなわち、式 (18) に代わって、

$$F_\nu = \left(\mathcal{F}_{\nu\mu} + h_{\nu\mu}\right) P^\mu \tag{21}$$

となると仮定する。式 (15) から、

$$g_{\nu\mu}F^\mu = F_\nu - \frac{dg_{\nu\mu}}{d\tau}P^\mu = \left(\mathcal{F}_{\nu\mu} + h_{\nu\mu}\right)P^\mu - \frac{dg_{\nu\mu}}{d\tau}P^\mu = \mathcal{F}_{\nu\mu}P^\mu + h_{\nu\mu}P^\mu - \frac{dg_{\nu\mu}}{d\tau}P^\mu$$

これを式 (11) に入れると、

$$\frac{dg_{\mu\nu}}{d\tau}P^\mu P^\nu + 2\left(\mathcal{F}_{\nu\mu}P^\mu + h_{\nu\mu}P^\mu - \frac{dg_{\nu\mu}}{d\tau}P^\mu\right)P^\nu = 0 \tag{22}$$

従って、

$$\frac{dg_{\mu\nu}}{d\tau}P^\mu P^\nu + 2\mathcal{F}_{\nu\mu}P^\mu P^\nu + 2h_{\nu\mu}P^\mu P^\nu - 2\frac{dg_{\nu\mu}}{d\tau}P^\mu P^\nu = 0$$

左辺第二項は、$\mathcal{F}_{\mu\nu}$ の性質から 0 となる。これらから $h_{\mu\nu}$ は次のように求められる。

$$2h_{\mu\nu}P^\mu P^\nu - \frac{dg_{\mu\nu}}{d\tau}P^\mu P^\nu = 0$$

$$\therefore h_{\mu\nu} = \frac{1}{2}\frac{dg_{\mu\nu}}{d\tau} \tag{23}$$

従って、式 (21) は次のようになる。

$$F_\nu = \left(\mathcal{F}_{\nu\mu} + \frac{1}{2}\frac{dg_{\mu\nu}}{d\tau}\right)P^\mu \tag{24}$$

上付きの力 F^ρ は式 (16) を使って求められる。

$$\begin{aligned}F^\rho &= g^{\rho\nu}F_\nu + \frac{dg^{\rho\nu}}{d\tau}P_\nu = g^{\rho\nu}\left(\mathcal{F}_{\nu\mu} + \frac{1}{2}\frac{dg_{\mu\nu}}{d\tau}\right)P^\mu + \frac{dg^{\rho\nu}}{d\tau}P_\nu \\ &= g^{\rho\nu}\mathcal{F}_{\nu\mu}P^\mu + \frac{1}{2}g^{\rho\nu}\frac{dg_{\mu\nu}}{d\tau}P^\mu + \frac{dg^{\rho\nu}}{d\tau}g_{\nu\mu}P^\mu\end{aligned}$$

最後の式の第 3 項を、次の関係式を使って変形する。

$g^{\rho\nu}g_{\nu\mu} = \delta^\rho_\mu$ から、$\frac{dg^{\rho\nu}}{d\tau}g_{\nu\mu} + g^{\rho\nu}\frac{dg_{\nu\mu}}{d\tau} = 0$ なので、

$$\begin{aligned}F^\rho &= g^{\rho\nu}\mathcal{F}_{\nu\mu}P^\mu + \frac{1}{2}g^{\rho\nu}\frac{dg_{\mu\nu}}{d\tau}P^\mu - g^{\rho\nu}\frac{dg_{\nu\mu}}{d\tau}P^\mu \\ &= g^{\rho\nu}\mathcal{F}_{\nu\mu}P^\mu - \frac{1}{2}g^{\rho\nu}\frac{dg_{\nu\mu}}{d\tau}P^\mu \\ &= g^{\rho\nu}\left(\mathcal{F}_{\nu\mu} - \frac{1}{2}\frac{dg_{\nu\mu}}{d\tau}\right)P^\mu\end{aligned} \tag{25}$$

式 (25) を式 (3) に入れると、運動方程式は次のようになる。

$$\frac{dP^\rho}{d\tau} = g^{\rho\nu}\left(\mathcal{F}_{\nu\mu} - \frac{1}{2}\frac{dg_{\nu\mu}}{d\tau}\right)P^\mu \tag{26}$$

❸ 力の変換性

式 (26) が一般座標変換に対して不変であるための条件を求めるのが本誌の目的である。そのためには、F^μ が、式 (5) の $\frac{dP^\mu}{d\tau}$ と同じ変換をしなければならない。すなわち、

$$F'^\mu = \frac{\partial x'^\mu}{\partial x^\nu}F^\nu + \frac{d}{d\tau}\left(\frac{\partial x'^\mu}{\partial x^\nu}\right)P^\nu \tag{27}$$

が成り立たなければならない。

式 (27) に式 (25) の F^ρ を入れると、

$$g'^{\mu\lambda}\left(\mathcal{F}'_{\lambda\rho} - \frac{1}{2}\frac{dg'_{\lambda\rho}}{d\tau}\right)P'^\rho = \frac{\partial x'^\mu}{\partial x^\nu}\left[g^{\nu\lambda}\left(\mathcal{F}_{\lambda\rho} - \frac{1}{2}\frac{dg_{\lambda\rho}}{d\tau}\right)P^\rho\right] + \frac{d}{d\tau}\left(\frac{\partial x'^\mu}{\partial x^\nu}\right)P^\nu \tag{28}$$

$\mathcal{F}_{\lambda\rho}$ は添字について反対称であるという条件を付けているが、テンソルかどうかは問うていない。そこで、$\mathcal{F}_{\lambda\rho}$ をテンソル $H_{\lambda\rho}$ とテンソルでないもの $G_{\lambda\rho}$ に分けることにする。

$$\mathcal{F}_{\lambda\rho} = H_{\lambda\rho} + G_{\lambda\rho} \tag{29}$$

$H_{\lambda\rho}$ はテンソルなので、座標変換で次のように変換する。

$$H'_{\lambda\rho} = \frac{\partial x^\mu}{\partial x'^\lambda}\frac{\partial x^\nu}{\partial x'^\rho}H_{\mu\nu} \tag{30}$$

式 (29) を使って式 (28) を書くと、

$$g'^{\mu\lambda}\left(H'_{\lambda\rho} + G'_{\lambda\rho} - \frac{1}{2}\frac{dg'_{\lambda\rho}}{d\tau}\right)P'^\rho$$

$$= \frac{\partial x'^{\mu}}{\partial x^{\nu}} \left[g^{\nu\lambda} \left(H_{\lambda\rho} + G_{\lambda\rho} - \frac{1}{2} \frac{dg_{\lambda\rho}}{d\tau} \right) P^{\rho} \right] + \frac{d}{d\tau} \left(\frac{\partial x'^{\mu}}{\partial x^{\nu}} \right) P^{\nu} \quad (31)$$

式 (31) を変形していくと、$G_{\lambda\rho}$ の変換性が求まる。結果だけ示すと、以下のとおりである。途中の計算は、付録2に示す。

$$G'_{\alpha\beta} = \frac{\partial x^{\theta}}{\partial x'^{\alpha}} \frac{\partial x^{\sigma}}{\partial x'^{\beta}} G_{\theta\sigma} - \frac{1}{2} \left[\frac{\partial x^{\theta}}{\partial x'^{\alpha}} \frac{d}{d\tau} \left(\frac{\partial x^{\sigma}}{\partial x'^{\beta}} \right) - \frac{\partial x^{\sigma}}{\partial x'^{\beta}} \frac{d}{d\tau} \left(\frac{\partial x^{\theta}}{\partial x'^{\alpha}} \right) \right] g_{\theta\sigma} \quad (32)$$

後で、$G_{\theta\sigma}$ の変換性と、ポテンシャルを使った力の変換性を比較するのに便利なように、変換行列の τ 微分を別の形に変形しておく。

$$\frac{d}{d\tau} \left(\frac{\partial x^{\sigma}}{\partial x'^{\beta}} \right) = \frac{dx^{\eta}}{d\tau} \frac{\partial}{\partial x^{\eta}} \left(\frac{\partial x^{\sigma}}{\partial x'^{\beta}} \right) = \frac{dx^{\eta}}{d\tau} \left(\frac{\partial^{2} x^{\sigma}}{\partial x^{\eta} \partial x'^{\beta}} \right) = \frac{1}{m} P^{\eta} \left(\frac{\partial^{2} x^{\sigma}}{\partial x^{\eta} \partial x'^{\beta}} \right)$$

この関係式を使うと、式 (32) は次のようになる。

$$G'_{\alpha\beta} = \frac{\partial x^{\theta}}{\partial x'^{\alpha}} \frac{\partial x^{\sigma}}{\partial x'^{\beta}} G_{\theta\sigma} - \frac{1}{2m} \left[\frac{\partial x^{\theta}}{\partial x'^{\alpha}} \left(\frac{\partial^{2} x^{\sigma}}{\partial x^{\eta} \partial x'^{\beta}} \right) - \frac{\partial x^{\sigma}}{\partial x'^{\beta}} \left(\frac{\partial^{2} x^{\theta}}{\partial x^{\eta} \partial x'^{\alpha}} \right) \right] g_{\theta\sigma} P^{\eta} \quad (33)$$

❹ ポテンシャルを使った表現

これ以上の議論を進めるために、力をポテンシャルを使って表すことを考える。ここで言うポテンシャルとは、座標の関数である場の量であって、それを座標微分したものが力になるものである。さらに、ポテンシャルはテンソル（スカラー、ベクトルを含む）であるものとする。

❶ ベクトルポテンシャル

先に例示した電磁場のテンソルは、ベクトルポテンシャル A_{μ} を使って次のように表されることが知られている。

$$\mathcal{F}_{\mu\nu} = a \left(\partial_{\mu} A_{\nu} - \partial_{\nu} A_{\mu} \right) \quad (34)$$

ここで、a は力の強さを表わす定数であり、先ほどの例では、$a = \dfrac{q}{m}$ である。

式 (34) が一般座標変換に対してテンソルかどうかを調べてみる。それには、(′) の付いた量が付いていない量とどのような関係になるのかを調べればよい。

$$\partial'_{\mu} A'_{\nu} - \partial'_{\nu} A'_{\mu}$$
$$= \frac{\partial}{\partial x'^{\mu}} A'_{\nu} - \frac{\partial}{\partial x'^{\nu}} A'_{\mu} = \frac{\partial}{\partial x'^{\mu}} \left(\frac{\partial x^{\lambda}}{\partial x'^{\nu}} A_{\lambda} \right) - \frac{\partial}{\partial x'^{\nu}} \left(\frac{\partial x^{\lambda}}{\partial x'^{\mu}} A_{\lambda} \right)$$
$$= \left[\frac{\partial}{\partial x'^{\mu}} \left(\frac{\partial x^{\lambda}}{\partial x'^{\nu}} \right) A_{\lambda} + \frac{\partial x^{\lambda}}{\partial x'^{\nu}} \frac{\partial}{\partial x'^{\mu}} A_{\lambda} \right] - \left[\frac{\partial}{\partial x'^{\nu}} \left(\frac{\partial x^{\lambda}}{\partial x'^{\mu}} \right) A_{\lambda} + \frac{\partial x^{\lambda}}{\partial x'^{\mu}} \frac{\partial}{\partial x'^{\nu}} A_{\lambda} \right]$$
$$= \left(\frac{\partial^{2} x^{\lambda}}{\partial x'^{\mu} \partial x'^{\nu}} A_{\lambda} + \frac{\partial x^{\lambda}}{\partial x'^{\nu}} \frac{\partial x^{\rho}}{\partial x'^{\mu}} \frac{\partial}{\partial x^{\rho}} A_{\lambda} \right) - \left(\frac{\partial^{2} x^{\lambda}}{\partial x'^{\nu} \partial x'^{\mu}} A_{\lambda} + \frac{\partial x^{\lambda}}{\partial x'^{\mu}} \frac{\partial x^{\rho}}{\partial x'^{\nu}} \frac{\partial}{\partial x^{\rho}} A_{\lambda} \right)$$
$$= \frac{\partial x^{\lambda}}{\partial x'^{\nu}} \frac{\partial x^{\rho}}{\partial x'^{\mu}} \frac{\partial}{\partial x^{\rho}} A_{\lambda} - \frac{\partial x^{\lambda}}{\partial x'^{\mu}} \frac{\partial x^{\rho}}{\partial x'^{\nu}} \frac{\partial}{\partial x^{\rho}} A_{\lambda}$$

$$= \frac{\partial x^\lambda}{\partial x'^\nu} \frac{\partial x^\rho}{\partial x'^\mu} \frac{\partial}{\partial x^\rho} A_\lambda - \frac{\partial x^\rho}{\partial x'^\mu} \frac{\partial x^\lambda}{\partial x'^\nu} \frac{\partial}{\partial x^\lambda} A_\rho \text{*1}$$

$$= \frac{\partial x^\lambda}{\partial x'^\nu} \frac{\partial x^\rho}{\partial x'^\mu} \left(\frac{\partial}{\partial x^\rho} A_\lambda - \frac{\partial}{\partial x^\lambda} A_\rho \right)$$

$$= \frac{\partial x^\lambda}{\partial x'^\nu} \frac{\partial x^\rho}{\partial x'^\mu} \left(\partial_\rho A_\lambda - \partial_\lambda A_\rho \right)$$

これは、$\partial_\rho A_\lambda - \partial_\lambda A_\rho$ がテンソル変換することを示している。

❷ スカラーポテンシャル

スカラーポテンシャル ϕ を使って、反対称な量 $\mathcal{F}_{\mu\nu}$ を作ることを考える。ϕ の微分だけでは $\mathcal{F}_{\mu\nu}$ を作ることは出来ないので、他のベクトルを入れる必要がある。新たな物理量を増やさないならば、最も適当なものはエネルギー運動量ベクトルである。そうすると、$\mathcal{F}_{\mu\nu}$ は次のように書ける。

$$\mathcal{F}_{\mu\nu} = b \left[(\partial_\mu \phi) P_\nu - (\partial_\nu \phi) P_\mu \right] \tag{35}$$

b は力の強さを表わす定数である。

式 (35) が一般座標変換に対してテンソルかどうかを調べる。

$(\partial'_\mu \phi') P'_\nu - (\partial'_\nu \phi') P'_\mu$

$$= \frac{\partial \phi'}{\partial x'^\mu} P'_\nu - \frac{\partial \phi'}{\partial x'^\nu} P'_\mu = \frac{\partial \phi'}{\partial x'^\mu} \left(\frac{\partial x^\lambda}{\partial x'^\nu} P_\lambda \right) - \frac{\partial \phi'}{\partial x'^\nu} \left(\frac{\partial x^\lambda}{\partial x'^\mu} P_\lambda \right)$$

$$= \frac{\partial x^\rho}{\partial x'^\mu} \frac{\partial \phi'}{\partial x^\rho} \frac{\partial x^\lambda}{\partial x'^\nu} P_\lambda - \frac{\partial x^\rho}{\partial x'^\nu} \frac{\partial \phi'}{\partial x^\rho} \frac{\partial x^\lambda}{\partial x'^\mu} P_\lambda$$

$$= \frac{\partial x^\rho}{\partial x'^\mu} \frac{\partial \phi}{\partial x^\rho} \frac{\partial x^\lambda}{\partial x'^\nu} P_\lambda - \frac{\partial x^\rho}{\partial x'^\nu} \frac{\partial \phi}{\partial x^\rho} \frac{\partial x^\lambda}{\partial x'^\mu} P_\lambda \text{*2}$$

$$= \frac{\partial x^\rho}{\partial x'^\mu} \frac{\partial \phi}{\partial x^\rho} \frac{\partial x^\lambda}{\partial x'^\nu} P_\lambda - \frac{\partial x^\lambda}{\partial x'^\nu} \frac{\partial \phi}{\partial x^\lambda} \frac{\partial x^\rho}{\partial x'^\mu} P_\rho \text{*3}$$

$$= \frac{\partial x^\rho}{\partial x'^\mu} \frac{\partial x^\lambda}{\partial x'^\nu} \left(\frac{\partial \phi}{\partial x^\rho} P_\lambda - \frac{\partial \phi}{\partial x^\lambda} P_\rho \right)$$

$$= \frac{\partial x^\rho}{\partial x'^\mu} \frac{\partial x^\lambda}{\partial x'^\nu} \left(\partial_\rho \phi P_\lambda - \partial_\lambda \phi P_\rho \right)$$

これは、$(\partial_\rho \phi) P_\lambda - (\partial_\lambda \phi) P_\rho$ がテンソル変換することを示している。

❸ 2 階のテンソルポテンシャル

[*1] λ、ρ は和を取っている添字なので、前行第 2 項の λ、ρ を入れ替えた。
[*2] $\phi' = \phi$ を利用。
[*3] 前行第 2 項の添字の ρ と λ を入れ替えた。

2階のテンソルポテンシャル $B_{\lambda\rho}$ を使って、反対称な量 $\mathcal{F}_{\mu\nu}$ を作ることを考える。こ こでも $B_{\lambda\rho}$ の微分だけでは $\mathcal{F}_{\mu\nu}$ を作ることは出来ないので、エネルギー運動量ベクトル を使う。そうすると、$\mathcal{F}_{\mu\nu}$ は次のように書ける。

$$\mathcal{F}_{\mu\nu} = e\left[(\partial_\mu B_{\nu\lambda}) - (\partial_\nu B_{\mu\lambda})\right] P^\lambda \tag{36}$$

e は力の強さを表わす定数である。

式 (36) が一般座標変換に対してテンソルかどうかを調べる。

$$\left[(\partial'_\mu B'_{\nu\lambda}) - (\partial'_\nu B'_{\mu\lambda})\right] P'^\lambda = (\partial'_\mu B'_{\nu\lambda}) P'^\lambda - (\partial'_\nu B'_{\mu\lambda}) P'^\lambda$$

$$= \frac{\partial}{\partial x'^\mu}\left(\frac{\partial x^\rho}{\partial x'^\nu}\frac{\partial x^\sigma}{\partial x'^\lambda} B_{\rho\sigma}\right)\frac{\partial x'^\lambda}{\partial x^\eta} P^\eta - \frac{\partial}{\partial x'^\nu}\left(\frac{\partial x^\rho}{\partial x'^\mu}\frac{\partial x^\sigma}{\partial x'^\lambda} B_{\rho\sigma}\right)\frac{\partial x'^\lambda}{\partial x^\eta} P^\eta$$

$$= \left[\frac{\partial}{\partial x'^\mu}\left(\frac{\partial x^\rho}{\partial x'^\nu}\right)\frac{\partial x^\sigma}{\partial x'^\lambda} B_{\rho\sigma} + \frac{\partial x^\rho}{\partial x'^\nu}\frac{\partial}{\partial x'^\mu}\left(\frac{\partial x^\sigma}{\partial x'^\lambda}\right)B_{\rho\sigma} + \frac{\partial x^\rho}{\partial x'^\nu}\frac{\partial x^\sigma}{\partial x'^\lambda}\frac{\partial}{\partial x'^\mu}B_{\rho\sigma}\right]\frac{\partial x'^\lambda}{\partial x^\eta}P^\eta$$

$$- \left[\frac{\partial}{\partial x'^\nu}\left(\frac{\partial x^\rho}{\partial x'^\mu}\right)\frac{\partial x^\sigma}{\partial x'^\lambda} B_{\rho\sigma} + \frac{\partial x^\rho}{\partial x'^\mu}\frac{\partial}{\partial x'^\nu}\left(\frac{\partial x^\sigma}{\partial x'^\lambda}\right)B_{\rho\sigma} + \frac{\partial x^\rho}{\partial x'^\mu}\frac{\partial x^\sigma}{\partial x'^\lambda}\frac{\partial}{\partial x'^\nu}B_{\rho\sigma}\right]\frac{\partial x'^\lambda}{\partial x^\eta}P^\eta$$

$$= \left[\left(\frac{\partial^2 x^\rho}{\partial x'^\mu \partial x'^\nu}\right)\frac{\partial x^\sigma}{\partial x'^\lambda}B_{\rho\sigma} + \frac{\partial x^\rho}{\partial x'^\nu}\left(\frac{\partial^2 x^\sigma}{\partial x'^\mu \partial x'^\lambda}\right)B_{\rho\sigma} + \frac{\partial x^\rho}{\partial x'^\nu}\frac{\partial x^\sigma}{\partial x'^\lambda}\frac{\partial B_{\rho\sigma}}{\partial x'^\mu}\right]\frac{\partial x'^\lambda}{\partial x^\eta}P^\eta$$

$$- \left[\left(\frac{\partial^2 x^\rho}{\partial x'^\nu \partial x'^\mu}\right)\frac{\partial x^\sigma}{\partial x'^\lambda}B_{\rho\sigma} + \frac{\partial x^\rho}{\partial x'^\mu}\left(\frac{\partial^2 x^\sigma}{\partial x'^\nu \partial x'^\lambda}\right)B_{\rho\sigma} + \frac{\partial x^\rho}{\partial x'^\mu}\frac{\partial x^\sigma}{\partial x'^\lambda}\frac{\partial B_{\rho\sigma}}{\partial x'^\nu}\right]\frac{\partial x'^\lambda}{\partial x^\eta}P^\eta$$

$$= \left[\frac{\partial x^\rho}{\partial x'^\nu}\left(\frac{\partial^2 x^\sigma}{\partial x'^\mu \partial x'^\lambda}\right)B_{\rho\sigma} + \frac{\partial x^\rho}{\partial x'^\nu}\frac{\partial x^\sigma}{\partial x'^\lambda}\frac{\partial x^\zeta}{\partial x'^\mu}\frac{\partial B_{\rho\sigma}}{\partial x^\zeta}\right]\frac{\partial x'^\lambda}{\partial x^\eta}P^\eta$$

$$- \left[\frac{\partial x^\rho}{\partial x'^\mu}\left(\frac{\partial^2 x^\sigma}{\partial x'^\nu \partial x'^\lambda}\right)B_{\rho\sigma} + \frac{\partial x^\rho}{\partial x'^\mu}\frac{\partial x^\sigma}{\partial x'^\lambda}\frac{\partial x^\zeta}{\partial x'^\nu}\frac{\partial B_{\rho\sigma}}{\partial x^\zeta}\right]\frac{\partial x'^\lambda}{\partial x^\eta}P^\eta {}^{*4} \tag{37}$$

式 (37) の第 2 項と第 4 項のみ取り出して、第 4 項の ρ と ζ を入れ替えると、

第 2 項 + 第 4 項

$$= \left(\frac{\partial x^\rho}{\partial x'^\nu}\frac{\partial x^\sigma}{\partial x'^\lambda}\frac{\partial x^\zeta}{\partial x'^\mu}\frac{\partial B_{\rho\sigma}}{\partial x^\zeta} - \frac{\partial x^\rho}{\partial x'^\mu}\frac{\partial x^\sigma}{\partial x'^\lambda}\frac{\partial x^\zeta}{\partial x'^\nu}\frac{\partial B_{\rho\sigma}}{\partial x^\zeta}\right)\frac{\partial x'^\lambda}{\partial x^\eta}P^\eta$$

$$= \left(\frac{\partial x^\rho}{\partial x'^\nu}\frac{\partial x^\sigma}{\partial x'^\lambda}\frac{\partial x^\zeta}{\partial x'^\mu}\frac{\partial B_{\rho\sigma}}{\partial x^\zeta} - \frac{\partial x^\zeta}{\partial x'^\mu}\frac{\partial x^\sigma}{\partial x'^\lambda}\frac{\partial x^\rho}{\partial x'^\nu}\frac{\partial B_{\zeta\sigma}}{\partial x^\rho}\right)\frac{\partial x'^\lambda}{\partial x^\eta}P^\eta$$

$$= \frac{\partial x^\rho}{\partial x'^\nu}\frac{\partial x^\zeta}{\partial x'^\mu}\left(\frac{\partial B_{\rho\sigma}}{\partial x^\zeta} - \frac{\partial B_{\zeta\sigma}}{\partial x^\rho}\right)\frac{\partial x^\sigma}{\partial x'^\lambda}\frac{\partial x'^\lambda}{\partial x^\eta}P^\eta$$

$$= \frac{\partial x^\rho}{\partial x'^\nu}\frac{\partial x^\zeta}{\partial x'^\mu}\left(\frac{\partial B_{\rho\sigma}}{\partial x^\zeta} - \frac{\partial B_{\zeta\sigma}}{\partial x^\rho}\right)\delta^\sigma_\eta P^\eta$$

$$= \frac{\partial x^\zeta}{\partial x'^\mu}\frac{\partial x^\rho}{\partial x'^\nu}\left(\partial_\zeta B_{\rho\sigma} - \partial_\rho B_{\zeta\sigma}\right)P^\sigma$$

式 (37) の第 1 項と第 3 項のみ取り出して計算すると、

第 1 項 + 第 3 項

---

^{*4} 前行第 1 項と第 4 項は打ち消しあう。

$$
\begin{aligned}
&= \frac{\partial x^\rho}{\partial x'^\nu}\left(\frac{\partial^2 x^\sigma}{\partial x'^\mu \partial x'^\lambda}\right) B_{\rho\sigma} \frac{\partial x'^\lambda}{\partial x^\eta} P^\eta - \frac{\partial x^\rho}{\partial x'^\mu}\left(\frac{\partial^2 x^\sigma}{\partial x'^\nu \partial x'^\lambda}\right) B_{\rho\sigma} \frac{\partial x'^\lambda}{\partial x^\eta} P^\eta \\
&= \left[\frac{\partial x^\rho}{\partial x'^\nu}\frac{\partial x'^\lambda}{\partial x^\eta}\left(\frac{\partial^2 x^\sigma}{\partial x'^\mu \partial x'^\lambda}\right) - \frac{\partial x^\rho}{\partial x'^\mu}\frac{\partial x'^\lambda}{\partial x^\eta}\left(\frac{\partial^2 x^\sigma}{\partial x'^\nu \partial x'^\lambda}\right)\right] B_{\rho\sigma} P^\eta \\
&= \left[\frac{\partial x^\rho}{\partial x'^\nu}\left(\frac{\partial^2 x^\sigma}{\partial x^\eta \partial x'^\mu}\right) - \frac{\partial x^\rho}{\partial x'^\mu}\left(\frac{\partial^2 x^\sigma}{\partial x^\eta \partial x'^\nu}\right)\right] B_{\rho\sigma} P^\eta
\end{aligned}
$$

従って、式 (37) は、

$$
\begin{aligned}
&\left[(\partial'_\mu B'_{\nu\lambda}) - (\partial'_\nu B'_{\mu\lambda})\right] P'^\lambda \\
&= \frac{\partial x^\zeta}{\partial x'^\mu}\frac{\partial x^\rho}{\partial x'^\nu}\left(\partial_\zeta B_{\rho\sigma} - \partial_\rho B_{\zeta\sigma}\right) P^\sigma + \left[\frac{\partial x^\rho}{\partial x'^\nu}\left(\frac{\partial^2 x^\sigma}{\partial x^\eta \partial x'^\mu}\right) - \frac{\partial x^\rho}{\partial x'^\mu}\left(\frac{\partial^2 x^\sigma}{\partial x^\eta \partial x'^\nu}\right)\right] B_{\rho\sigma} P^\eta \quad (38)
\end{aligned}
$$

[ ] の項があるために、$(\partial_\zeta B_{\rho\sigma} - \partial_\rho B_{\zeta\sigma}) P^\sigma$ はテンソルにはならない。従って、2 階のテンソルポテンシャルによる力は、式 (29) の $G_{\lambda\rho}$ に相当する。

ここで、$G_{\lambda\rho}$ の変換性と、$(\partial_\zeta B_{\rho\sigma} - \partial_\rho B_{\zeta\sigma}) P^\sigma$ の変換性を比べてみる。比較しやすいように、$(\partial_\zeta B_{\rho\sigma} - \partial_\rho B_{\zeta\sigma}) P^\sigma$ の変換式の添字を、$G_{\lambda\rho}$ の変換式の添字と合わせることにする。具体的には、式 (38) で次の置き換えを行う。全体で $\mu \to \alpha$、$\nu \to \beta$、右辺第 1 項では $\rho \to \sigma$、$\zeta \to \theta$、$\sigma \to \lambda$、[ ] の項では、$\rho \to \theta$ とし、[ ] の外にマイナスを出す。そうすると、式 (38) は次のようになる。

$$
\begin{aligned}
&\left[(\partial'_\alpha B'_{\beta\lambda}) - (\partial'_\beta B'_{\alpha\lambda})\right] P'^\lambda \\
&= \frac{\partial x^\theta}{\partial x'^\alpha}\frac{\partial x^\sigma}{\partial x'^\beta}\left(\partial_\theta B_{\sigma\lambda} - \partial_\sigma B_{\theta\lambda}\right) P^\lambda \\
&\quad - \left[\frac{\partial x^\theta}{\partial x'^\alpha}\left(\frac{\partial^2 x^\sigma}{\partial x^\eta \partial x'^\beta}\right) - \frac{\partial x^\theta}{\partial x'^\beta}\left(\frac{\partial^2 x^\sigma}{\partial x^\eta \partial x'^\alpha}\right)\right] B_{\theta\sigma} P^\eta \quad (39)
\end{aligned}
$$

これと、$G_{\lambda\rho}$ の変換式を比較する。

$$
G'_{\alpha\beta} = \frac{\partial x^\theta}{\partial x'^\alpha}\frac{\partial x^\sigma}{\partial x'^\beta} G_{\theta\sigma} - \frac{1}{2m}\left[\frac{\partial x^\theta}{\partial x'^\alpha}\left(\frac{\partial^2 x^\sigma}{\partial x^\eta \partial x'^\beta}\right) - \frac{\partial x^\sigma}{\partial x'^\beta}\left(\frac{\partial^2 x^\theta}{\partial x^\eta \partial x'^\alpha}\right)\right] g_{\theta\sigma} P^\eta \quad (33)
$$

この 2 つの式は、非常によく似た式になっているのが分かる。式 (39) で $B_{\theta\sigma}$ を $g_{\theta\sigma}$ に置き換えればほぼ同じ形となる。唯一、[ ] の中の 2 つ目の項が、σ と θ が入れ違っている。しかしこれも、$B_{\theta\sigma}$ を $g_{\theta\sigma}$ に置き換えれば、$g_{\theta\sigma}$ が対称テンソルであることを使えば、同じになることが分かる。すなわち、[ ] の中の第 2 項で σ と θ を入替え、$g_{\sigma\theta} = g_{\theta\sigma}$ を使って、

$$
\begin{aligned}
&\left[(\partial'_\alpha g'_{\beta\lambda}) - (\partial'_\beta g'_{\alpha\lambda})\right] P'^\lambda = \\
&\frac{\partial x^\theta}{\partial x'^\alpha}\frac{\partial x^\sigma}{\partial x'^\beta}\left(\partial_\theta g_{\sigma\lambda} - \partial_\sigma g_{\theta\lambda}\right) P^\lambda - \left[\frac{\partial x^\theta}{\partial x'^\alpha}\left(\frac{\partial^2 x^\sigma}{\partial x^\eta \partial x'^\beta}\right) - \frac{\partial x^\sigma}{\partial x'^\beta}\left(\frac{\partial^2 x^\theta}{\partial x^\eta \partial x'^\alpha}\right)\right] g_{\theta\sigma} P^\eta \quad (40)
\end{aligned}
$$

以上から、$G_{\theta\sigma}$ は次のように置けばよいことが分かる。

$$
G_{\theta\sigma} = \frac{1}{2m}\left(\partial_\theta g_{\sigma\lambda} - \partial_\sigma g_{\theta\lambda}\right) P^\lambda \quad (41)
$$

実際にこれを式 (33) に入れてみると、

$$\frac{1}{2m}\left[(\partial'_\alpha g'_{\beta\lambda}) - (\partial'_\beta g'_{\alpha\lambda})\right]P'^{\lambda}$$
$$= \frac{\partial x^\theta}{\partial x'^\alpha}\frac{\partial x^\sigma}{\partial x'^\beta}\frac{1}{2m}(\partial_\theta g_{\sigma\lambda} - \partial_\sigma g_{\theta\lambda})P^\lambda$$
$$- \frac{1}{2m}\left[\frac{\partial x^\theta}{\partial x'^\alpha}\left(\frac{\partial^2 x^\sigma}{\partial x^\eta \partial x'^\beta}\right) - \frac{\partial x^\sigma}{\partial x'^\beta}\left(\frac{\partial^2 x^\theta}{\partial x^\eta \partial x'^\alpha}\right)\right]g_{\theta\sigma}P^\eta$$

従って、

$$\left[(\partial'_\alpha g'_{\beta\lambda}) - (\partial'_\beta g'_{\alpha\lambda})\right]P'^{\lambda}$$
$$= \frac{\partial x^\theta}{\partial x'^\alpha}\frac{\partial x^\sigma}{\partial x'^\beta}(\partial_\theta g_{\sigma\lambda} - \partial_\sigma g_{\theta\lambda})P^\lambda$$
$$- \left[\frac{\partial x^\theta}{\partial x'^\alpha}\left(\frac{\partial^2 x^\sigma}{\partial x^\eta \partial x'^\beta}\right) - \frac{\partial x^\sigma}{\partial x'^\beta}\left(\frac{\partial^2 x^\theta}{\partial x^\eta \partial x'^\alpha}\right)\right]g_{\theta\sigma}P^\eta$$

となり、式 (40) と一致する。

❺ 一般相対論的運動方程式

これまでの考察から、一般座標変換に対して不変な運動方程式は、式 (26) に式 (29) と式 (41) を入れれば求まる。

$$\frac{dP^\rho}{d\tau} = g^{\rho\nu}\left[H_{\nu\mu} + \frac{1}{2m}(\partial_\nu g_{\mu\lambda} - \partial_\mu g_{\nu\lambda})P^\lambda - \frac{1}{2}\frac{dg_{\nu\mu}}{d\tau}\right]P^\mu \tag{42}$$

右辺の $\frac{dg_{\nu\mu}}{d\tau}$ は、式 (10) で示したように、

$$\frac{dg_{\nu\mu}}{d\tau} = \frac{dx^\lambda}{d\tau}\frac{\partial g_{\nu\mu}}{\partial x^\lambda} = \frac{1}{m}P^\lambda\frac{\partial g_{\nu\mu}}{\partial x^\lambda} = \frac{1}{m}\partial_\lambda g_{\nu\mu}P^\lambda$$

となるので、式 (42) は次のようになる。

$$\begin{aligned}\frac{dP^\rho}{d\tau} &= g^{\rho\nu}\left[H_{\nu\mu} + \frac{1}{2m}(\partial_\nu g_{\mu\lambda} - \partial_\mu g_{\nu\lambda})P^\lambda - \frac{1}{2m}\partial_\lambda g_{\nu\mu}P^\lambda\right]P^\mu \\ &= g^{\rho\nu}\left[H_{\nu\mu} + \frac{1}{2m}(\partial_\nu g_{\mu\lambda} - \partial_\mu g_{\nu\lambda} - \partial_\lambda g_{\nu\mu})P^\lambda\right]P^\mu \\ &= g^{\rho\nu}H_{\nu\mu}P^\mu - \frac{1}{2m}g^{\rho\nu}(\partial_\mu g_{\nu\lambda} + \partial_\lambda g_{\mu\nu} - \partial_\nu g_{\mu\lambda})P^\lambda P^\mu\end{aligned} \tag{43}$$

ここで、次の $\Gamma^\rho_{\mu\lambda}$ を次のように定義する。

$$\Gamma^\rho_{\mu\lambda} = \frac{1}{2}g^{\rho\nu}(\partial_\mu g_{\nu\lambda} + \partial_\lambda g_{\mu\nu} - \partial_\nu g_{\mu\lambda}) \tag{44}$$

そうすると、式 (43) は、

$$\frac{dP^\rho}{d\tau} = g^{\rho\nu}H_{\nu\mu}P^\mu - \frac{1}{m}\Gamma^\rho_{\mu\lambda}P^\mu P^\lambda \tag{45}$$

となる。式 (45) の右辺の $g^{\rho\nu}H_{\nu\mu}P^\mu$ は、$H_{\nu\mu}$ がテンソルとして変換することから、ベクトルとして変換する。そこで、これを F^ρ と置くと、式 (45) は、

$$\frac{dP^\rho}{d\tau} = F^\rho - \frac{1}{m}\Gamma^\rho_{\mu\lambda}P^\mu P^\lambda \tag{46}$$

双子のパラドクス（その2）で解いた一般相対論的運動方程式はこの式である。なお、式 (44) の $\Gamma^\rho_{\mu\lambda}$ は、クリストッフェルの記号として知られているものである。

式 (46) の第2項は、式 (27) の第2項 $\dfrac{d}{d\tau}\left(\dfrac{\partial x'^\mu}{\partial x^\nu}\right)P^\nu$ を取り込んだものである。式 (5) の議論をしたときに示唆したように、$\dfrac{d}{d\tau}\left(\dfrac{\partial x'^\mu}{\partial x^\nu}\right)P^\nu$ は慣性力に関係していると考えられるので、式 (46) の第2項は慣性力を表していると考えられる。そうすると、式 (44) の $g_{\mu\nu}$ は、慣性力のポテンシャルと考えられる。

ここでいう慣性力という表現について、1点、補足しておく。通常、慣性力というのは、加速度系に移ると現れる見掛けの力である。しかし、慣性系であっても曲線座標系を取れば、$\Gamma^\rho_{\mu\lambda}$ は 0 でない項が現れる。このような力も慣性力と呼ぶことにする。後で例を示すが、慣性系で極座標系を取ると、径方向に慣性力が現れる。これは遠心力を表わしている。

式 (46) で、力 F^ρ が存在しないときの式を、$P^\rho = m\dfrac{dx^\rho}{d\tau}$ を使って書き換えると、

$$\frac{d^2 x^\rho}{d\tau^2} + \Gamma^\rho_{\mu\lambda}\frac{dx^\mu}{d\tau}\frac{dx^\lambda}{d\tau} = 0 \tag{47}$$

となる。これは測地線の式として知られるもので、2点間の最短距離を与える曲線の式である。これの物理的意味は次のとおりである。力 F^ρ が存在しないということは、慣性系では力が働いていないということであり、その場合、質点は等速直線運動を行う。それを曲線座標系、例えば加速度系から見ると、式 (47) で与えられる曲線を描いて運動するように見える、ということである。

慣性力と重力の類似性から、慣性力と重力は本質的に同じであって、どちらも計量テンソルがポテンシャルとなっていると仮定した理論を構築することができる。すなわち、計量テンソルが重力ポテンシャルとなる重力理論を作ることができる。そうすると、物質によって計量テンソルが決められることになる。これがアインシュタインの一般相対性理論である。ここでは、アインシュタインの一般相対性理論には立ち入らずに、この後の章で、アインシュタインとは別の重力理論について考察を行う。

❻ 絶対微分を用いた表現

式 (46) は、絶対微分を使うと、より簡単な形にすることができる。絶対微分は、共変微分を使ってスカラー微分を表わすものである。

ベクトル A_ν の共変微分は次の式で定義される [1]。

$$\nabla_\mu A_\nu = \partial_\mu A_\nu - \Gamma^\lambda_{\mu\nu} A_\lambda \tag{48}$$

ここでの共変微分の記号は、内山龍雄の「一般相対性理論」の記載に倣った。式 (48) の左辺は、2階のテンソルとして変換する。普通の微分 $\partial_\mu A_\nu$ では、一般座標変換では2階のテンソルにはならない。そこで、テンソルとして変換するようにするため補正項を付けたのが共変微分である。一般相対性理論では、物理法則を表わす式は、一般座標変換に対して不変でなければならない。そのため、普通の微分に代わって共変微分に置き換えることで、一般座標変換に対して不変な形に書くことができるようになる。例えば、$\partial_\mu A_\nu = B_{\mu\nu}$ という式があった場合、この式は一般座標変換に対して不変ではない。しかし、$\nabla_\mu A_\nu = B_{\mu\nu}$ とすると、この式は一般座標変換に対して不変となる。

共変微分の形は、数式が一般座標変換に対して不変でなければならない、という条件から求めることができる。それは付録3に示す。

上付きベクトルの共変微分は次のようになる。

$$\nabla_\mu A^\nu = \partial_\mu A^\nu + \Gamma^\nu_{\mu\lambda} A^\lambda \tag{49}$$

さて、式 (46) の左辺の $\dfrac{dP^\rho}{d\tau}$ を共変微分を使って書き換えるところから始める。$\dfrac{dP^\rho}{d\tau}$ は、形式的に次のように書くことができる。

$$\frac{dP^\rho}{d\tau} = \frac{dx^\lambda}{d\tau} \frac{\partial P^\rho}{\partial x^\lambda}$$

右辺の P^ρ の微分を共変微分に変える。それに対応して、左辺の微分の記号も変える。

$$\frac{DP^\rho}{D\tau} = \frac{dx^\lambda}{d\tau} \nabla_\lambda P^\rho$$

上記の微分を絶対微分という [1]。右辺を共変微分の式 (49) を使って書くと、

$$右辺 = \frac{dx^\lambda}{d\tau} \left(\partial_\lambda P^\rho + \Gamma^\rho_{\lambda\mu} P^\mu \right) = \frac{dx^\lambda}{d\tau} \partial_\lambda P^\rho + \frac{dx^\lambda}{d\tau} \Gamma^\rho_{\lambda\mu} P^\mu = \frac{dP^\rho}{d\tau} + \frac{1}{m} P^\lambda \Gamma^\rho_{\lambda\mu} P^\mu$$

従って、

$$\frac{DP^\rho}{D\tau} = \frac{dP^\rho}{d\tau} + \frac{1}{m} \Gamma^\rho_{\lambda\mu} P^\lambda P^\mu \tag{50}$$

式 (46) を式 (50) を使って書くと、

$$\frac{DP^\rho}{D\tau} = F^\rho \tag{51}$$

特殊相対性理論での運動方程式は $\dfrac{dP^\mu}{d\tau} = F^\mu$ であったが、一般相対性理論での運動方程式は、式 (51) となる。これは、普通の微分を絶対微分に変えたものになっている。なお、右辺の力 F^ρ は、一般座標変換に対してベクトルとして変換するものでなければならない。それをポテンシャルを使って表わせば、式 (34)、式 (35) で与えられる。

13

❼ スカラーポテンシャルによる運動

　アインシュタインの一般相対性理論では、重力ポテンシャルは計量テンソルであった。一般相対論的運動方程式では、スカラーポテンシャル、ベクトルポテンシャルで与えられる力も想定することができる。アインシュタインの一般相対性理論では、いくつかの理論的予測が現実の現象と合っていると考えられているが、重力ポテンシャルをスカラーポテンシャルやベクトルポテンシャルとした運動方程式の結果も同じ予測を与えるかもしれない。そのような可能性を検討するために、ここでは、重力ポテンシャルとしてスカラーポテンシャルを考えて、質点の運動を調べてみることにする。

❶ スカラーポテンシャルによる運動方程式

■ 条件の設定

　ここで考える質点の運動は、太陽の周りを回る惑星の運動をイメージしたものである。座標原点にスカラーポテンシャルの源があるとして、極座標系を使って質点の運動方程式を求める。質点の運動方程式は、式 (45) で与えられる。

$$\frac{dP^\rho}{d\tau} = g^{\rho\nu} H_{\nu\mu} P^\mu - \frac{1}{m} \Gamma^\rho_{\mu\lambda} P^\mu P^\lambda \tag{45}$$

$H_{\nu\mu}$ としてスカラーポテンシャルによるものを考えると、$H_{\nu\mu}$ は式 (35) の形で与えられる。

$$H_{\nu\mu} = b\left[(\partial_\nu \phi) P_\mu - (\partial_\mu \phi) P_\nu\right] \tag{52}$$

従って運動方程式は、

$$\frac{dP^\rho}{d\tau} = g^{\rho\nu} b\left[(\partial_\nu \phi) P_\mu - (\partial_\mu \phi) P_\nu\right] P^\mu - \frac{1}{m} \Gamma^\rho_{\mu\lambda} P^\mu P^\lambda \tag{53}$$

となる。スカラーポテンシャル ϕ は、中心からの距離だけで値が決まるスカラー量である。ここでは、ϕ がどのように求まるかは検討しないが、ニュートン力学での重力ポテンシャルがそのまま使えると想定する。従って、次の形とする。

$$\phi = -\frac{GM}{r} \tag{54}$$

G は万有引力定数、M は太陽の質量、r は中心からの距離である。

　式 (53) の運動方程式を解くのに、ϕ が r だけの関数であるので、極座標にするのが都合がよい。そのためには、まず極座標系での計量テンソルを求める必要がある。

■ 極座標系での表示

　直交座標系から極座標系への座標変換式は次の通りである。

$$\begin{cases} x = r\sin\theta\cos\varphi \\ y = r\sin\theta\sin\varphi \\ z = r\cos\theta \end{cases} \tag{55}$$

逆変換は次の通り。

$$\begin{cases} r^2 = x^2 + y^2 + z^2 \\ \tan\varphi = \dfrac{y}{x} \\ \tan\theta = \dfrac{\sqrt{x^2+y^2}}{z} \end{cases} \tag{56}$$

上記には記載していないが、直交座標系から極座標系への座標変換は空間座標のみの変換であるので、時間は変換を受けない。すなわち、$t' = t$ である。

極座標系での計量テンソルは、次の式で求められる。

$$g'_{\mu\nu} = \frac{\partial x^\lambda}{\partial x'^\mu}\frac{\partial x^\rho}{\partial x'^\nu} g_{\lambda\rho} \tag{57}$$

これを求めるためには、変換行列 $\dfrac{\partial x^\lambda}{\partial x'^\mu}$ を求めなければならない。そこで式 (55) を使って求める。

$$\frac{\partial x}{\partial r} = \sin\theta\cos\varphi, \qquad \frac{\partial y}{\partial r} = \sin\theta\sin\varphi, \qquad \frac{\partial z}{\partial r} = \cos\theta$$
$$\frac{\partial x}{\partial \theta} = r\cos\theta\cos\varphi, \qquad \frac{\partial y}{\partial \theta} = r\cos\theta\sin\varphi, \qquad \frac{\partial z}{\partial \theta} = -r\sin\theta$$
$$\frac{\partial x}{\partial \varphi} = -r\sin\theta\sin\varphi, \qquad \frac{\partial y}{\partial \varphi} = r\sin\theta\cos\varphi, \qquad \frac{\partial z}{\partial \varphi} = 0$$

変換行列 $\dfrac{\partial x'^\mu}{\partial x^\rho}$ も求めておこう。

$$\frac{\partial r}{\partial x} = \sin\theta\cos\varphi, \qquad \frac{\partial \theta}{\partial x} = \frac{1}{r}\cos\theta\cos\varphi, \qquad \frac{\partial \varphi}{\partial x} = -\frac{1}{r}\frac{\sin\varphi}{\sin\theta}$$
$$\frac{\partial r}{\partial y} = \sin\theta\sin\varphi, \qquad \frac{\partial \theta}{\partial y} = \frac{1}{r}\cos\theta\sin\varphi, \qquad \frac{\partial \varphi}{\partial y} = \frac{1}{r}\frac{\cos\varphi}{\sin\theta}$$
$$\frac{\partial r}{\partial z} = \cos\theta, \qquad \frac{\partial \theta}{\partial z} = -\frac{1}{r}\sin\theta, \qquad \frac{\partial \varphi}{\partial z} = 0$$

$\dfrac{\partial x'^\mu}{\partial x^\rho}$ は $\dfrac{\partial x^\lambda}{\partial x'^\mu}$ の逆行列としても求められる。

極座標系での計量テンソルは式 (57) で求められるが、ここでは別の方法で求めてみる。4 次元時空内の微小距離 ds がスカラーであることを使って極座標系での計量テンソルを求めることができる。$g'_{\mu\nu}dx'^\mu dx'^\nu = g_{\mu\nu}dx^\mu dx^\nu$ なので、

$$g'_{\mu\nu}dx'^\mu dx'^\nu = (cdt)^2 - (dx)^2 - (dy)^2 - (dz)^2 \tag{58}$$

dx^μ は、式 (55) の全微分で求められる。

$$dx = \frac{\partial x}{\partial r}dr + \frac{\partial x}{\partial \theta}d\theta + \frac{\partial x}{\partial \varphi}d\varphi = \sin\theta\cos\varphi dr + r\cos\theta\cos\varphi d\theta - r\sin\theta\sin\varphi d\varphi$$

同様に dy、dz を求めて式 (58) に入れると、

$$g'_{\mu\nu} dx'^\mu dx'^\nu$$
$$= (cdt)^2 - (\sin\theta\cos\varphi dr + r\cos\theta\cos\varphi d\theta - r\sin\theta\sin\varphi d\varphi)^2$$
$$- (\sin\theta\sin\varphi dr + r\cos\theta\sin\varphi d\theta + r\sin\theta\cos\varphi d\varphi)^2 - (\cos\theta dr - r\sin\theta d\theta)^2$$
$$= (cdt)^2 - (dr)^2 - r^2(d\theta)^2 - r^2\sin^2\theta(d\varphi)^2$$

従って、
$$g'_{\mu\nu} dx'^\mu dx'^\nu = (cdt)^2 - (dr)^2 - r^2(d\theta)^2 - r^2\sin^2\theta(d\varphi)^2$$

両辺を比較して、
$$g'_{tt} = 1, \quad g'_{rr} = -1, \quad g'_{\theta\theta} = -r^2, \quad g'_{\varphi\varphi} = -r^2\sin^2\theta, \quad g'_{\mu\nu} = 0 \ (\mu \neq \nu)$$

行列で表示すると、
$$g'_{\mu\nu} = \begin{pmatrix} 1 & & & \\ & -1 & & \\ & & -r^2 & \\ & & & -r^2\sin^2\theta \end{pmatrix} \tag{59}$$

上付きの計量テンソルは、下付き計量テンソルの逆行列なので、次のようになる。
$$g'^{\mu\nu} = \begin{pmatrix} 1 & & & \\ & -1 & & \\ & & -\dfrac{1}{r^2} & \\ & & & -\dfrac{1}{r^2\sin^2\theta} \end{pmatrix} \tag{60}$$

■ 慣性力項の計算

式 (59)、式 (60) を使って、式 (53) の慣性力の項を求める。なお、これ以降は、($'$) は省略する。$\Gamma^\rho_{\mu\lambda}$ は次の式 (44) で与えられる。

$$\Gamma^\rho_{\mu\lambda} = \frac{1}{2} g^{\rho\nu} \left(\partial_\mu g_{\nu\lambda} + \partial_\lambda g_{\mu\nu} - \partial_\nu g_{\mu\lambda} \right) \tag{44}$$

$g_{\nu\lambda}$ の微分で 0 でない組合せは次のものだけである。

$$\partial_r g_{\theta\theta} = -2r$$
$$\partial_r g_{\varphi\varphi} = -2r\sin^2\theta$$
$$\partial_\theta g_{\varphi\varphi} = -2r^2\sin\theta\cos\theta$$

これから慣性力 $f^\rho = -\dfrac{1}{m}\Gamma^\rho_{\mu\lambda} P^\mu P^\lambda$ を求める。まずは、r 方向の力を求める。

16

$$\begin{aligned}
f^r &= -\frac{1}{2m} g^{rr} \left(\partial_\mu g_{r\lambda} + \partial_\lambda g_{\mu r} - \partial_r g_{\mu\lambda} \right) P^\mu P^\lambda \\
&= -\frac{1}{2m} (-1) \left(\partial_\mu g_{r\lambda} + \partial_\lambda g_{\mu r} - \partial_r g_{\mu\lambda} \right) P^\mu P^\lambda \\
&= \frac{1}{2m} \left(\partial_\mu g_{r\lambda} P^\mu P^\lambda + \partial_\lambda g_{\mu r} P^\mu P^\lambda - \partial_r g_{\mu\lambda} P^\mu P^\lambda \right) \\
&= \frac{1}{2m} \left(0 + 0 - \partial_r g_{\mu\lambda} P^\mu P^\lambda \right) \\
&= -\frac{1}{2m} \left(\partial_r g_{\mu\lambda} P^\mu P^\lambda \right) \\
&= -\frac{1}{2m} \left(\partial_r g_{\theta\theta} P^\theta P^\theta + \partial_r g_{\varphi\varphi} P^\varphi P^\varphi \right) \\
&= -\frac{1}{2m} \left(-2r P^\theta P^\theta - 2r \sin^2\theta P^\varphi P^\varphi \right)
\end{aligned}$$

従って、
$$f^r = \frac{1}{m} \left[r \left(P^\theta \right)^2 + r \sin^2\theta \left(P^\varphi \right)^2 \right] \tag{61}$$

θ 方向の力は次のとおり。
$$\begin{aligned}
f^\theta &= -\frac{1}{2m} g^{\theta\theta} \left(\partial_\mu g_{\theta\lambda} + \partial_\lambda g_{\mu\theta} - \partial_\theta g_{\mu\lambda} \right) P^\mu P^\lambda \\
&= -\frac{1}{2m} \left(-\frac{1}{r^2} \right) \left(\partial_\mu g_{\theta\lambda} + \partial_\lambda g_{\mu\theta} - \partial_\theta g_{\mu\lambda} \right) P^\mu P^\lambda \\
&= \frac{1}{2m} \frac{1}{r^2} \left(\partial_r g_{\theta\theta} P^r P^\theta + \partial_r g_{\theta\theta} P^\theta P^r - \partial_\theta g_{\varphi\varphi} P^\varphi P^\varphi \right) \\
&= \frac{1}{2m} \frac{1}{r^2} \left[-2r P^r P^\theta - 2r P^\theta P^r - \left(-2r^2 \sin\theta \cos\theta \right) P^\varphi P^\varphi \right] \\
&= \frac{1}{2m} \frac{1}{r^2} \left[-4r P^r P^\theta + 2r^2 \sin\theta \cos\theta \left(P^\varphi \right)^2 \right] \\
&= \frac{1}{m} \left[-\frac{2}{r} P^r P^\theta + \sin\theta \cos\theta \left(P^\varphi \right)^2 \right]
\end{aligned}$$

従って、
$$f^\theta = \frac{1}{m} \left[-\frac{2}{r} P^r P^\theta + \sin\theta \cos\theta \left(P^\varphi \right)^2 \right] \tag{62}$$

φ 方向の力は次のとおり。

$$\begin{aligned}
f^\varphi &= -\frac{1}{2m} g^{\varphi\varphi} \left(\partial_\mu g_{\varphi\lambda} + \partial_\lambda g_{\mu\varphi} - \partial_\varphi g_{\mu\lambda}\right) P^\mu P^\lambda \\
&= -\frac{1}{2m} \left(-\frac{1}{r^2 \sin^2\theta}\right) \left(\partial_\mu g_{\varphi\lambda} + \partial_\lambda g_{\mu\varphi} - \partial_\varphi g_{\mu\lambda}\right) P^\mu P^\lambda \\
&= \frac{1}{2m} \frac{1}{r^2 \sin^2\theta} \left(\partial_\mu g_{\varphi\lambda} + \partial_\lambda g_{\mu\varphi} - 0\right) P^\mu P^\lambda \\
&= \frac{1}{2m} \frac{1}{r^2 \sin^2\theta} \left(\partial_\mu g_{\varphi\lambda} P^\mu P^\lambda + \partial_\lambda g_{\mu\varphi} P^\mu P^\lambda\right) \\
&= \frac{1}{2m} \frac{1}{r^2 \sin^2\theta} \left(\partial_r g_{\varphi\varphi} P^r P^\varphi + \partial_\theta g_{\varphi\varphi} P^\theta P^\varphi + \partial_r g_{\varphi\varphi} P^\varphi P^r + \partial_\theta g_{\varphi\varphi} P^\varphi P^\theta\right) \\
&= \frac{1}{2m} \frac{1}{r^2 \sin^2\theta} \left(-2r \sin^2\theta P^r P^\varphi - 2r^2 \sin\theta \cos\theta P^\theta P^\varphi - 2r \sin^2\theta P^\varphi P^r\right. \\
&\quad \left. - 2r^2 \sin\theta \cos\theta P^\varphi P^\theta\right) \\
&= \frac{1}{2m} \frac{1}{r^2 \sin^2\theta} \left(-4r \sin^2\theta P^r P^\varphi - 4r^2 \sin\theta \cos\theta P^\theta P^\varphi\right) \\
&= \frac{1}{m} \left(-\frac{2}{r} P^r P^\varphi - 2\frac{\cos\theta}{\sin\theta} P^\theta P^\varphi\right)
\end{aligned}$$

従って、

$$f^\varphi = \frac{1}{m} \left(-\frac{2}{r} P^r P^\varphi - 2\frac{\cos\theta}{\sin\theta} P^\theta P^\varphi\right) \tag{63}$$

■ ポテンシャル項の計算

次に、式 (53) のスカラーポテンシャルの項について考える。

$$F^\rho = g^{\rho\nu} b \left[(\partial_\nu \phi) P_\mu - (\partial_\mu \phi) P_\nu\right] P^\mu \tag{64}$$

式 (64) は、エネルギー運動量ベクトルの内積を使って、次の形になる。

$$\begin{aligned}
F^\rho &= g^{\rho\nu} b \left[(\partial_\nu \phi) P_\mu P^\mu - (\partial_\mu \phi) P^\mu P_\nu\right] \\
&= b \left[g^{\rho\nu} (\partial_\nu \phi) (mc)^2 - (\partial_\mu \phi) P^\mu g^{\rho\nu} P_\nu\right] \\
&= b \left[g^{\rho\nu} (\partial_\nu \phi) (mc)^2 - (\partial_\mu \phi) P^\mu P^\rho\right]
\end{aligned} \tag{65}$$

ϕ は r のみの関数なので、ϕ の微分で 0 でないのは、$\partial_r \phi$ のみである。従って、F^ρ の r 成分は次のとおりとなる。

$$\begin{aligned}
F^r &= b \left[g^{r\nu} (\partial_\nu \phi) (mc)^2 - (\partial_\mu \phi) P^\mu P^r\right] \\
&= b \left[g^{rr} (\partial_r \phi) (mc)^2 - (\partial_r \phi) P^r P^r\right] \\
&= -b (mc)^2 (\partial_r \phi) - b (\partial_r \phi) (P^r)^2
\end{aligned} \tag{66}$$

今考えている問題は、太陽の周りを回る惑星の運動と同じ運動であり、式 (66) は、ニュートン力学での惑星の運動方程式での力とよく似たものになるはずである。そうする

と、式 (66) の第 1 項は、ニュートン力学での力そのものと考えられる。そうであれば、定数 b は、次の値でなければならない。

$$b = \frac{1}{mc^2} \tag{67}$$

これを使うと、式 (66) は次のようになる。

$$F^r = -m \left(\partial_r \phi \right) - \frac{1}{mc^2} \left(\partial_r \phi \right) \left(P^r \right)^2 \tag{68}$$

以降は、$b = \dfrac{1}{mc^2}$ として計算する。

F^ρ の θ 成分、φ 成分、時間成分はそれぞれ、次の通り。

$$\begin{aligned}
F^\theta &= g^{\theta\nu} m \left(\partial_\nu \phi \right) - \frac{1}{mc^2} \left(\partial_r \phi \right) P^r P^\theta \\
&= g^{\theta\theta} m \left(\partial_\theta \phi \right) - \frac{1}{mc^2} \left(\partial_r \phi \right) P^r P^\theta \\
&= -\frac{1}{mc^2} \left(\partial_r \phi \right) P^r P^\theta
\end{aligned} \tag{69}$$

$$\begin{aligned}
F^\varphi &= g^{\varphi\nu} m \left(\partial_\nu \phi \right) - \frac{1}{mc^2} \left(\partial_r \phi \right) P^r P^\varphi \\
&= g^{\varphi\varphi} m \left(\partial_\varphi \phi \right) - \frac{1}{mc^2} \left(\partial_r \phi \right) P^r P^\varphi \\
&= -\frac{1}{mc^2} \left(\partial_r \phi \right) P^r P^\varphi
\end{aligned} \tag{70}$$

$$\begin{aligned}
F^0 &= g^{0\nu} m \left(\partial_\nu \phi \right) - \frac{1}{mc^2} \left(\partial_r \phi \right) P^r P^0 \\
&= g^{00} m \left(\partial_0 \phi \right) - \frac{1}{mc^2} \left(\partial_r \phi \right) P^r P^0 \\
&= -\frac{1}{mc^2} \left(\partial_r \phi \right) P^r P^0
\end{aligned} \tag{71}$$

■ 運動方程式のまとめ

以上から、運動方程式 (53) を成分ごとに記載すると、以下のようになる。

$$\begin{cases}
\dfrac{dP^r}{d\tau} = -m \left(\partial_r \phi \right) - \dfrac{1}{mc^2} \left(\partial_r \phi \right) \left(P^r \right)^2 + \dfrac{1}{m} \left[r \left(P^\theta \right)^2 + r \sin^2 \theta \left(P^\varphi \right)^2 \right] & (72) \\[2mm]
\dfrac{dP^\theta}{d\tau} = -\dfrac{1}{mc^2} \left(\partial_r \phi \right) P^r P^\theta + \dfrac{1}{m} \left[-\dfrac{2}{r} P^r P^\theta + \sin\theta \cos\theta \left(P^\varphi \right)^2 \right] & (73) \\[2mm]
\dfrac{dP^\varphi}{d\tau} = -\dfrac{1}{mc^2} \left(\partial_r \phi \right) P^r P^\varphi + \dfrac{1}{m} \left(-\dfrac{2}{r} P^r P^\varphi - 2 \dfrac{\cos\theta}{\sin\theta} P^\theta P^\varphi \right) & (74) \\[2mm]
\dfrac{dP^0}{d\tau} = -\dfrac{1}{mc^2} \left(\partial_r \phi \right) P^r P^0 & (75)
\end{cases}$$

今、初期条件として $P^\theta = 0$、$\theta = \pi/2$ とする。すなわち、質点の運動を $\theta = \pi/2$ の平面上での運動として解くことにする。そうすると運動方程式は次のようになる。

$$\begin{cases} \dfrac{dP^r}{d\tau} = -m\,(\partial_r\phi) - \dfrac{1}{mc^2}\,(\partial_r\phi)\,(P^r)^2 + \dfrac{1}{m}r\,(P^\varphi)^2 & (76) \\[2mm] \dfrac{dP^\varphi}{d\tau} = -\dfrac{1}{mc^2}\,(\partial_r\phi)\,P^r P^\varphi - \dfrac{1}{m}\dfrac{2}{r}P^r P^\varphi & (77) \\[2mm] \dfrac{dP^0}{d\tau} = -\dfrac{1}{mc^2}\,(\partial_r\phi)\,P^r P^0 & (78) \end{cases}$$

ここで式の形式について少し注意しておく。式 (72) から (75) の最終的な式の形は、テンソル方程式の形になっていない。これは途中で、$g^{\mu\nu}$ の各成分を使って計算を進めたことで、テンソルの共変性の形が失われたためである。テンソルの各成分を使って計算を進めるときは、その点に注意しなければならない。

❷ 運動方程式の解

■ 時間成分について

まず、式 (78) から解くことにする。$P^r = m\dfrac{dr}{d\tau}$ を使って書き換えると、

$$\dfrac{dP^0}{d\tau} = -\dfrac{1}{c^2}\,(\partial_r\phi)\dfrac{dr}{d\tau}P^0 = -\dfrac{1}{c^2}\dfrac{\partial\phi}{\partial r}\dfrac{dr}{d\tau}P^0 = -\dfrac{1}{c^2}\dfrac{d\phi}{d\tau}P^0 \qquad (79)$$

従って、

$$\dfrac{dP^0}{d\tau} = -\dfrac{1}{c^2}\dfrac{d\phi}{d\tau}P^0 \qquad (80)$$

これはすぐ解くことができて、

$$P^0 = A e^{-\phi/c^2} \qquad (81)$$

A は積分定数であるが、これが何を意味するのか考えてみる。

式 (81) から、$e^{\phi/c^2}P^0 = A$、左辺を級数展開して近似すると、$\left(1 + \phi/c^2\right)P^0 = A$

P^0 は、静止エネルギー mc^2 と運動エネルギー T の和を c で割ったものであるから、

$$\left(1 + \dfrac{\phi}{c^2}\right)\left(mc + \dfrac{T}{c}\right) = A$$
$$\therefore mc + \dfrac{T}{c} + \dfrac{m\phi}{c} + \dfrac{\phi T}{c^3} = A$$

左辺の第 4 項は小さいので無視すると、

$$A = \dfrac{mc^2 + T + m\phi}{c}$$

これから、A は、静止エネルギー mc^2 と運動エネルギー T の和に、ポテンシャルエネルギー $m\phi$ を加えたものを c で割ったものになる。そこで A は、質点の全エネルギーを表すものと解釈できる。質点の全エネルギーを E と置くと、$A = (E/c)$ である。そうす

ると式 (81) は、
$$P^0 = (E/c)e^{-\phi/c^2} \tag{82}$$

$e^{-\phi/c^2}$ は、ポテンシャルエネルギーを含めた全エネルギー E に対し、静止エネルギー mc^2 と運動エネルギー T の和の比率を示していることになる。式 (82) は、P^0 を r の関数として表わしたものといえる。

■ φ 成分について

次に式 (77) を解く。上記と同様に、$P^r = mdr/d\tau$ を使って書き換えると、

$$\begin{aligned}
\frac{dP^\varphi}{d\tau} &= -\frac{1}{mc^2}\left(\partial_r\phi\right)P^r P^\varphi - \frac{1}{m}\frac{2}{r}P^r P^\varphi \\
&= -\frac{1}{m}\left[\frac{1}{c^2}\left(\partial_r\phi\right) + \frac{2}{r}\right]P^r P^\varphi = -\left[\frac{1}{c^2}\frac{\partial\phi}{\partial r} + \frac{2}{r}\right]\frac{dr}{d\tau}P^\varphi \\
&= -\frac{\partial}{\partial r}\left[\frac{1}{c^2}\phi + 2\log r\right]\frac{dr}{d\tau}P^\varphi = -\frac{d}{d\tau}\left[\frac{\phi}{c^2} + 2\log r\right]P^\varphi
\end{aligned} \tag{83}$$

この解は、

$$P^\varphi = Le^{-\phi/c^2 + 2\log r} = Lr^{-2}e^{-\phi/c^2} \tag{84}$$

L は積分定数である。式 (84) で、$e^{-\phi/c^2}$ がなければ、$r^2 P^\varphi = L$ となるので、L は角運動量に相当する量と解釈できる。しかし $r^2 P^\varphi$ は定数とはならず、$e^{-\phi/c^2}$ 分の r 依存性がある。式 (84) は、φ 方向の運動量 P^φ を、r の関数として表わしたものといえる。

式 (84) を式 (82) で割ると、

$$\frac{P^\varphi}{P^0} = \frac{Lr^{-2}e^{-\phi/c^2}}{(E/c)e^{-\phi/c^2}} = \frac{c}{E}Lr^{-2}$$

$$\frac{P^\varphi}{P^0} = \frac{m\dfrac{d\varphi}{d\tau}}{m\dfrac{dx^0}{d\tau}} = \frac{d\varphi}{dx^0} = \frac{1}{c}\frac{d\varphi}{dt}$$

$$\therefore \frac{1}{c}\frac{d\varphi}{dt} = \frac{c}{E}Lr^{-2}$$

$$\therefore r^2\frac{d\varphi}{dt} = \frac{c^2 L}{E} \tag{85}$$

左辺に $1/2$ を掛けたものは面積速度として知られているものであり、右辺は定数であるから、式 (85) はケプラーの第 2 法則として知られている、面積速度一定の式に相当する。

■ r 成分について

最後に、r 方向の運動方程式を解くことになるが、その前に、式 (76) と、ニュートン力

学での運動方程式との違いを調べておく。式 (76) は τ 微分の式となっているので、これを t 微分の式に変形する。まず、$\dfrac{dP^r}{d\tau}$ は次のように変形できる。

$$\dfrac{dP^r}{d\tau} = \dfrac{d}{d\tau}\left(m\dfrac{dr}{d\tau}\right) = \dfrac{dt}{d\tau}\dfrac{d}{dt}\left(m\dfrac{dt}{d\tau}\dfrac{dr}{dt}\right) = \dfrac{P^0}{mc}\dfrac{d}{dt}\left(m\dfrac{P^0}{mc}\dfrac{dr}{dt}\right) = \dfrac{P^0}{mc^2}\left(\dfrac{dP^0}{dt}\dfrac{dr}{dt} + P^0\dfrac{d^2r}{dt^2}\right)$$

dP^0/dt は、式 (82) から次のようになる。

$$\dfrac{dP^0}{dt} = \dfrac{d}{dt}\left(-\dfrac{\phi}{c^2}\right)P^0 = -\dfrac{1}{c^2}\dfrac{dr}{dt}\dfrac{\partial \phi}{\partial r}P^0$$

従って、

$$\dfrac{dP^r}{d\tau} = \dfrac{P^0}{mc^2}\left(-\dfrac{1}{c^2}\dfrac{dr}{dt}\dfrac{\partial \phi}{\partial r}P^0\dfrac{dr}{dt} + P^0\dfrac{d^2r}{dt^2}\right) = \dfrac{(P^0)^2}{mc^2}\left[-\dfrac{1}{c^2}(\partial_r\phi)\left(\dfrac{dr}{dt}\right)^2 + \dfrac{d^2r}{dt^2}\right] \quad (86)$$

式 (86) を式 (76) に入れると、

$$\dfrac{(P^0)^2}{mc^2}\left[-\dfrac{1}{c^2}(\partial_r\phi)\left(\dfrac{dr}{dt}\right)^2 + \dfrac{d^2r}{dt^2}\right] = -m(\partial_r\phi) - \dfrac{1}{mc^2}(\partial_r\phi)(P^r)^2 + \dfrac{1}{m}r(P^\varphi)^2$$

$$\therefore -\dfrac{1}{c^2}(\partial_r\phi)\left(\dfrac{dr}{dt}\right)^2 + \dfrac{d^2r}{dt^2} = \dfrac{mc^2}{(P^0)^2}\left[-m(\partial_r\phi) - \dfrac{1}{mc^2}(\partial_r\phi)(P^r)^2 + \dfrac{1}{m}r(P^\varphi)^2\right]$$

$$\therefore -\dfrac{1}{c^2}(\partial_r\phi)\left(\dfrac{dr}{dt}\right)^2 + \dfrac{d^2r}{dt^2} = -m(\partial_r\phi)\dfrac{mc^2}{(P^0)^2} - (\partial_r\phi)\dfrac{(P^r)^2}{(P^0)^2} + c^2r\dfrac{(P^\varphi)^2}{(P^0)^2}$$

$$\therefore -\dfrac{1}{c^2}(\partial_r\phi)\left(\dfrac{dr}{dt}\right)^2 + \dfrac{d^2r}{dt^2} = -(\partial_r\phi)\dfrac{m^2c^2}{(P^0)^2} - (\partial_r\phi)\left(\dfrac{P^r}{P^0}\right)^2 + c^2r\left(\dfrac{P^\varphi}{P^0}\right)^2$$

ここで、$\dfrac{P^r}{P^0} = \dfrac{1}{c}\dfrac{dr}{dt}$、$\dfrac{P^\varphi}{P^0} = \dfrac{1}{c}\dfrac{d\varphi}{dt}$、$P^0 = (E/c)e^{-\phi/c^2}$ を使うと、

$$-\dfrac{1}{c^2}(\partial_r\phi)\left(\dfrac{dr}{dt}\right)^2 + \dfrac{d^2r}{dt^2} = -(\partial_r\phi)\left(\dfrac{mc^2}{E}\right)^2 e^{2\phi/c^2} - (\partial_r\phi)\left(\dfrac{1}{c}\dfrac{dr}{dt}\right)^2 + c^2r\left(\dfrac{1}{c}\dfrac{d\varphi}{dt}\right)^2$$

$$-\dfrac{1}{c^2}(\partial_r\phi)\left(\dfrac{dr}{dt}\right)^2 + \dfrac{d^2r}{dt^2} = -(\partial_r\phi)\left(\dfrac{mc^2}{E}\right)^2 e^{2\phi/c^2} - \dfrac{1}{c^2}(\partial_r\phi)\left(\dfrac{dr}{dt}\right)^2 + r\left(\dfrac{d\varphi}{dt}\right)^2$$

$$\therefore \dfrac{d^2r}{dt^2} = -(\partial_r\phi)\left(\dfrac{mc^2}{E}\right)^2 e^{2\phi/c^2} + r\left(\dfrac{d\varphi}{dt}\right)^2 \quad (87)$$

$\dfrac{d\varphi}{dt}$ に式 (85) を使うと、

$$\dfrac{d^2r}{dt^2} = -(\partial_r\phi)\left(\dfrac{mc^2}{E}\right)^2 e^{2\phi/c^2} + \left(\dfrac{c^2L}{E}\right)^2 r^{-3} \quad (88)$$

ここで、$L = mJ$ となる J を使うと、

$$\left(\dfrac{E}{mc^2}\right)^2 \dfrac{d^2r}{dt^2} = -(\partial_r\phi)e^{2\phi/c^2} + \dfrac{J^2}{r^3} \quad (89)$$

さて、ニュートン力学での r 方向の運動方程式は以下のとおりである [2]。

$$\dfrac{d^2r}{dt^2} = -(\partial_r\phi) + \dfrac{h^2}{r^3} \quad (90)$$

22

$$h = r^2 \frac{d\varphi}{dt} \tag{91}$$

式 (89) と式 (90) を比較すると、c^2 に対して ϕ が十分小さく、また、運動エネルギーも十分に小さくて、$E \approx mc^2$ と置ければ、式 (89) は式 (90) と同じになる。

式 (89) のポテンシャルによる力が、ニュートン力学での力とどの程度違うのかを調べてみよう。式 (89) では $e^{2\phi/c^2}$ 倍の力が働くことになる。$\phi \ll c^2$ として、1 次の近似を取ると、$e^{2\phi/c^2} \approx 1 + 2\phi/c^2$ となるので、$2\phi/c^2$ がどの程度のオーダーなのかを調べてみる。ϕ として式 (54) とし、水星での平均軌道半径 r_m と、以下に示す G, M, c を使って計算すると、$2\phi/c^2 = -2GM/c^2r = -5.1 \times 10^{-8}$ となる。つまり、ニュートン力学での引力に対し、その 5.1×10^{-8} 倍の別の力が、引力とは逆に働くことを意味する。

$$\begin{cases} G &= 6.67384 \times 10^{-11} \ [\mathrm{m^3/kgs^2}] \\ M &= 1.9884 \times 10^{30} \ [\mathrm{kg}] \\ r_m &= 5.791 \times 10^{10} \ [\mathrm{m}] \\ c &= 2.99792458 \times 10^8 \ [\mathrm{m/s}] \end{cases}$$

$e^{2\phi/c^2}$ は、r が大きいところでは $e^{2\phi/c^2} \approx 1$ となり、式 (89) の引力の項は、ニュートン力学での引力と変わらない。逆に r が非常に小さくなると、$e^{2\phi/c^2} \to 0$ となり、式 (89) の引力は 0 に近づく。つまり、ポテンシャルの中心に近いところにある質点には、引力はほとんど働かないということである。この点が、ニュートン力学での運動と大きく異なる。

r 方向の運動方程式を解くにあたって、式 (76) もしくは式 (89) を解くのは困難なので、別の方法で解くことにする。それは、エネルギー運動量ベクトルの内積を使う方法である。既に、P^0 と P^φ は、r の関数として求めてあるので、エネルギー運動量ベクトルの内積を使えば、P^r が r の関数として求まることになる。P^r は r の 1 階の微分なので、式 (76) を解くよりは簡単に解を求めることができる。

極座標でのエネルギー運動量ベクトルの内積は、式 (59) で求めた $g_{\mu\nu}$ を使って、次のようになる。

$$\begin{aligned} g_{\mu\nu}P^\mu P^\nu &= g_{00}P^0P^0 + g_{rr}P^rP^r + g_{\theta\theta}P^\theta P^\theta + g_{\varphi\varphi}P^\varphi P^\varphi \\ &= \left(P^0\right)^2 - \left(P^r\right)^2 - r^2\left(P^\theta\right)^2 - r^2\sin^2\theta\left(P^\varphi\right)^2 \end{aligned}$$

$P^\theta = 0$、$\theta = \pi/2$ とおくと、

$$g_{\mu\nu}P^\mu P^\nu = \left(P^0\right)^2 - \left(P^r\right)^2 - r^2\left(P^\varphi\right)^2$$

従って、

$$\left(P^0\right)^2 - \left(P^r\right)^2 - r^2 \left(P^\varphi\right)^2 = (mc)^2 \tag{92}$$

これに、式 (82) の P^0 と式 (84) の P^φ を入れると、

$$\left((E/c)e^{-\phi/c^2}\right)^2 - \left(P^r\right)^2 - r^2 \left(Lr^{-2}e^{-\phi/c^2}\right)^2 = (mc)^2$$

$$\therefore \left(P^r\right)^2 = \left((E/c)e^{-\phi/c^2}\right)^2 - r^2 \left(Lr^{-2}e^{-\phi/c^2}\right)^2 - (mc)^2 \tag{93}$$

右辺は r の関数なので、この微分方程式を解けば r が τ の関数として求まることになる。なお、式 (93) を τ で微分すると式 (76) になるので、式 (76) を解く代わりに式 (93) を解けばよいことが確認できる。

■ t の関数としての r の微分方程式

r を t の関数として求めるには、式 (92) を $\left(P^0\right)^2$ で割って、t の微分の式にすればよい。

$$\begin{aligned}
\frac{\left(P^0\right)^2}{\left(P^0\right)^2} - \frac{\left(P^r\right)^2}{\left(P^0\right)^2} - r^2 \frac{\left(P^\varphi\right)^2}{\left(P^0\right)^2} &= \frac{(mc)^2}{\left(P^0\right)^2} \\
1 - \frac{(mdr/d\tau)^2}{(mcdt/d\tau)^2} - r^2 \frac{\left(Lr^{-2}e^{-\phi/c^2}\right)^2}{\left((E/c)e^{-\phi/c^2}\right)^2} &= \frac{(mc)^2}{\left((E/c)e^{-\phi/c^2}\right)^2} \\
1 - \frac{1}{c^2}\left(\frac{dr}{dt}\right)^2 - r^2 \left(Lr^{-2}\right)^2 \left(\frac{c}{E}\right)^2 &= \left(\frac{mc^2}{E}\right)^2 e^{2\phi/c^2} \\
c^2 - \left(\frac{dr}{dt}\right)^2 - \frac{1}{r^2}L^2 \left(\frac{c^2}{E}\right)^2 &= c^2 \left(\frac{mc^2}{E}\right)^2 e^{2\phi/c^2} \\
\therefore \left(\frac{dr}{dt}\right)^2 &= c^2 - c^2\left(\frac{mc^2}{E}\right)^2 e^{2\phi/c^2} - \frac{1}{r^2}L^2 \frac{1}{m^2}\left(\frac{mc^2}{E}\right)^2
\end{aligned}$$

ここで、$\alpha = \dfrac{E}{mc^2}$ とおき、また、$L = mJ$ を使うと、

$$\left(\frac{dr}{dt}\right)^2 = c^2 - \frac{c^2}{\alpha^2}e^{2\phi/c^2} - \frac{1}{r^2}\frac{J^2}{\alpha^2} \tag{94}$$

ここで、$J = 0$ の場合を考える。J は角運動量に関係していると考えられるので、$J = 0$ は質点が回転（公転）していない状態と考えられる。その場合の式 (94) は、

$$\left(\frac{dr}{dt}\right)^2 = c^2 - \frac{c^2}{\alpha^2}e^{2\phi/c^2} = \left(\frac{dr}{dt}\right)^2 = c^2 \left(1 - \frac{1}{\alpha^2}e^{2\phi/c^2}\right) \tag{95}$$

$$\therefore \frac{dr}{dt} = \pm c\sqrt{\left(1 - \frac{1}{\alpha^2}e^{2\phi/c^2}\right)}$$

ここで、$\phi = -GM/r$ を使い、また、定数 R を、$R = 2GM/c^2$ で定義すると、$2\phi/c^2 = -R/r$ となるので、

$$\frac{dr}{dt} = \pm c\sqrt{\left(1 - \frac{1}{\alpha^2}e^{-R/r}\right)} \tag{96}$$

無限遠方で $\frac{dr}{dt} = 0$ とすると、$\alpha = 1$ となるので、

$$\frac{dr}{dt} = \pm c\sqrt{(1 - e^{-R/r})} \tag{97}$$

式 (97) を $R/r \ll 1$ として近似すれば、

$$\frac{dr}{dt} = \pm c\sqrt{R/r} = \pm\sqrt{\frac{2GM}{r}}$$

これは、ニュートン力学のエネルギー保存則から得られる結果と同じである。

式 (97) で $r \to 0$ の場合を考えると、$\frac{dr}{dt} \to \pm c$ となり、質点がポテンシャルの中心に落ち込んで行く場合でも、質点の速度が光速度を越えることはないことが分かる。

なお余談であるが、R はシュバルツシルト半径と呼ばれているものと同じものであり、太陽の場合、次の値になる。

$$R = \frac{2GM}{c^2} = 2.95 \times 10^3 \,[m]$$

■ φ の関数としての r の微分方程式

軌道の形を求めるために、r を φ の関数として求める。そのためには、式 (92) を $(P^\varphi)^2$ で割って、φ の微分の式にすればよい。

$$\frac{(P^0)^2}{(P^\varphi)^2} - \frac{(P^r)^2}{(P^\varphi)^2} - r^2\frac{(P^\varphi)^2}{(P^\varphi)^2} = \frac{(mc)^2}{(P^\varphi)^2}$$

$$\therefore \frac{\left((E/c)e^{-\phi/c^2}\right)^2}{\left(Lr^{-2}e^{-\phi/c^2}\right)^2} - \left(\frac{P^r}{P^\varphi}\right)^2 - r^2 = \frac{(mc)^2}{\left(Lr^{-2}e^{-\phi/c^2}\right)^2}$$

$$\therefore \left(\frac{E}{cL}\right)^2 r^4 - \left(\frac{dr}{d\varphi}\right)^2 - r^2 = \left(\frac{mc}{L}\right)^2 r^4 e^{2\phi/c^2}$$

$$\therefore \left(\frac{dr}{d\varphi}\right)^2 = \left(\frac{E}{cL}\right)^2 r^4 - \left(\frac{mc}{L}\right)^2 r^4 e^{2\phi/c^2} - r^2$$

先に定義した α と J、及び R を使うと、

$$\left(\frac{dr}{d\varphi}\right)^2 = \alpha^2 (c/J)^2 r^4 - (c/J)^2 r^4 e^{-R/r} - r^2 \tag{98}$$

この式を更に簡単な形にするために、$u = \frac{J}{c}\frac{1}{r}$ とおいて、式 (98) を変形する。

$$\frac{du}{d\varphi} = \frac{J}{c}\frac{d}{d\varphi}\left(\frac{1}{r}\right) = -\frac{J}{c}\frac{1}{r^2}\frac{dr}{d\varphi}$$

$$\therefore \left(\frac{dr}{d\varphi}\right)^2 = (c/J)^2 r^4 \left(\frac{du}{d\varphi}\right)^2$$

これを式 (98) に入れて、
$$(c/J)^2 r^4 \left(\frac{du}{d\varphi}\right)^2 = \alpha^2 (c/J)^2 r^4 - (c/J)^2 r^4 e^{-R/r} - r^2$$
$$\therefore \left(\frac{du}{d\varphi}\right)^2 = \alpha^2 - e^{-R/r} - \left(\frac{J}{c}\right)^2 \frac{1}{r^2}$$

$u = (J/c)\dfrac{1}{r}$ を入れると、
$$\left(\frac{du}{d\varphi}\right)^2 = \alpha^2 - e^{-(cR/J)u} - u$$

$cR/J = k$ と置いて、
$$\left(\frac{du}{d\varphi}\right)^2 = \alpha^2 - e^{-ku} - u^2 \tag{99}$$

この式を解けば、r が φ の関数として求まる。

式 (99) 解くために、指数関数をべき級数展開する。そのとき、何次まで展開する必要があるのかを調べるために、各項の大きさの程度を見ておく。

$$\alpha = \frac{E}{mc^2} = \frac{mc^2 + T + U}{mc^2} \approx 1 + \frac{1}{mc^2}\left(\frac{1}{2}mv^2 - m\frac{GM}{r}\right) = 1 + \frac{1}{c^2}\left(\frac{1}{2}v^2 - \frac{GM}{r}\right)$$
$$= 1 + \frac{1}{2}\left(\frac{v^2}{c^2} - \frac{2GM}{c^2 r}\right) = 1 + \frac{1}{2}\left(\frac{v^2}{c^2} - R/r\right)$$

u については、式 (85) から
$$r^2 \frac{d\varphi}{dt} = \frac{c^2 L}{E} \approx \frac{c^2 L}{mc^2} = \frac{L}{m} = J$$
$$\therefore J = r^2 \frac{d\varphi}{dt} = rv$$
$$\therefore u = \frac{J}{c}\frac{1}{r} = \frac{rv}{cr} = v/c$$

指数部分については、$ku = R/r$ なので、
$$e^{-ku} = e^{-R/r} \approx 1 - R/r + \frac{1}{2}(R/r)^2 - \frac{1}{6}(R/r)^3 + \cdots$$

式 (99) のオーダーとしては以下のとおり。
$\alpha^2 - e^{-ku} - u^2$
$$\approx \left[1 + \frac{1}{2}\left(\frac{v^2}{c^2} - R/r\right)\right]^2 - \left[1 - R/r + \frac{1}{2}(R/r)^2 - \frac{1}{6}(R/r)^3 + \cdots\right] - (v/c)^2$$
$$= 1 + \left(\frac{v^2}{c^2} - R/r\right) + \frac{1}{4}\left(\frac{v^2}{c^2} - R/r\right)^2 - 1 + R/r - \frac{1}{2}(R/r)^2 + \frac{1}{6}(R/r)^3 + \cdots - (v/c)^2$$
$$= \frac{1}{4}\left(\frac{v^2}{c^2} - R/r\right)^2 - \frac{1}{2}(R/r)^2 + \frac{1}{6}(R/r)^3 + \cdots$$

束縛状態では、$\dfrac{v^2}{c^2} \approx \dfrac{1}{2}R/r$ なので、式 (99) のオーダーとしては、$(R/r)^2$ とみてよい。

以上のことから、指数関数のべき級数展開は、最低でも $(R/r)^2$ まで行う必要がある。なお水星の軌道半径で計算すると、$R/r = 5.1 \times 10^{-8}$ である。

■ φ の関数としての r の微分方程式の解

指数関数のべき級数展開を $(R/r)^2$ まで行うと、式 (99) は次のようになる。

$$\left(\frac{du}{d\varphi}\right)^2 = \alpha^2 - \left[1 - ku + \frac{1}{2}(ku)^2\right] - u^2 \tag{100}$$

$$\therefore \left(\frac{du}{d\varphi}\right)^2 = \alpha^2 - 1 + ku - (1 + k^2/2)\,u^2 \tag{101}$$

念のため、$k^2/2$ の大きさを見ておくと、$k^2/2 = \frac{1}{2}(cR/J)^2 \approx 5 \times 10^{-8}$ である。

式 (101) の右辺を次の形に変形する。

式 (101) の右辺 $= (\alpha^2 - 1) + \dfrac{k^2}{4 + 2k^2} - (1 + k^2/2)\left(u - \dfrac{k}{2 + k^2}\right)^2$

そうすると、式 (101) は、

$$\frac{du}{d\varphi} = \pm\sqrt{(\alpha^2 - 1) + \frac{k^2}{4 + 2k^2} - (1 + k^2/2)\left(u - \frac{k}{2 + k^2}\right)^2}$$

$$\therefore \int \frac{du}{\sqrt{(\alpha^2 - 1) + k^2/(4 + 2k^2) - (1 + k^2/2)\left(u - k/(2 + k^2)\right)^2}} = \pm\int d\varphi \tag{102}$$

左辺を積分すれば、解が求まる。

$A^2 = (\alpha^2 - 1) + \dfrac{k^2}{4 + 2k^2}$、$b^2 = (1 + k^2/2)$、$s = \dfrac{b}{A}\left(u - \dfrac{k}{2 + k^2}\right)$ とおくと、左辺の積分は、

$$\int \frac{du}{\sqrt{A^2 - b^2\left(u - k/(2+k^2)\right)^2}} = \int \frac{(A/b)ds}{A\sqrt{1 - s^2}} = \frac{1}{b}\int \frac{ds}{\sqrt{1 - s^2}} = -\frac{1}{b}\cos^{-1} s$$

従って式 (102) は、$-\dfrac{1}{b}\cos^{-1} s = \pm\varphi + C'$ より $s = \cos(\mp b\varphi + C)$。

$$\therefore u = \frac{k}{2 + k^2} + \frac{A}{b}\cos(\mp b\varphi + C) \tag{103}$$

cos 関数は周期関数なので、C が 0 となるような方向に座標軸を取ればよい。また、φ の符号は今の場合どちらでもよいので、プラスに取る。そうすると、

$$u = \frac{k}{2 + k^2} + \frac{A}{b}\cos(b\varphi) \tag{104}$$

$u = \dfrac{J}{c}\dfrac{1}{r}$ で r の式に直すと、$\dfrac{J}{c}\dfrac{1}{r} = \dfrac{k}{2 + k^2} + \dfrac{A}{b}\cos(b\varphi)$

$$\therefore \frac{1}{r} = (c/J)\frac{k}{2 + k^2} + (c/J)\frac{A}{b}\cos(b\varphi) \tag{105}$$

第 1 項 $= (c/J)\dfrac{cR/J}{2 + k^2} = \dfrac{c^2 R}{2J^2}\dfrac{1}{1 + k^2/2} = \left(\dfrac{GM}{J^2}\right)\dfrac{1}{b^2}$

27

$$\text{第 2 項の係数} = \frac{c}{Jb}\sqrt{(\alpha^2-1) + \frac{k^2}{4+2k^2}}$$

$$= \frac{1}{b}\sqrt{(c/J)^2(\alpha^2-1) + \left(\frac{GM}{J^2}\right)^2 \frac{1}{1+k^2/2}}$$

$$= \sqrt{(c/J)^2(\alpha^2-1)\frac{1}{b^2} + \left(\frac{GM}{J^2}\right)^2 \frac{1}{b^4}}$$

ルートの中の最初の項にある α は、$\alpha = \dfrac{E}{mc^2}$ であり、E は静止エネルギーと力学的エネルギーの和なので、$E = mc^2 + H$ とおく（H は力学的エネルギーの和であり、$H = T + U$ である）。そうすると、

$$\alpha^2 = \left(\frac{E}{mc^2}\right)^2 = \left(\frac{mc^2+H}{mc^2}\right)^2 = \left(1+\frac{H}{mc^2}\right)^2 = 1 + \frac{2H}{mc^2} + \left(\frac{H}{mc^2}\right)^2$$

$$\therefore \alpha^2 - 1 = \frac{2H}{mc^2} + \left(\frac{H}{mc^2}\right)^2$$

$$\therefore (c/J)^2(\alpha^2-1)$$
$$= (c/J)^2\left[\frac{2H}{mc^2} + \left(\frac{H}{mc^2}\right)^2\right] = \frac{2H}{mJ^2} + \left(\frac{H}{mJc}\right)^2 = \frac{2H}{mJ^2}\left(1 + \frac{1}{2}\frac{H}{mc^2}\right)$$

従って、

$$\text{第 2 項の係数} = \sqrt{\frac{2H}{mJ^2}\left(1 + \frac{1}{2}\frac{H}{mc^2}\right)\frac{1}{b^2} + \left(\frac{GM}{J^2}\right)^2 \frac{1}{b^4}}$$

従って、

$$\frac{1}{r} = \left(\frac{GM}{J^2}\right)\frac{1}{b^2} + \sqrt{\frac{2H}{mJ^2}\left(1+\frac{1}{2}\frac{H}{mc^2}\right)\frac{1}{b^2} + \left(\frac{GM}{J^2}\right)^2 \frac{1}{b^4}}\cos(b\varphi)$$

$$= \left(\frac{GM}{J^2}\right)\frac{1}{b^2}\left[1 + \sqrt{\frac{2HJ^2}{mG^2M^2}b^2\left(1+\frac{1}{2}\frac{H}{mc^2}\right) + 1}\cos(b\varphi)\right] \quad (106)$$

従って、

$$r = \frac{J^2b^2/GM}{1 + \sqrt{1 + \frac{2HJ^2}{mG^2M^2}b^2\left(1+\frac{1}{2}\frac{H}{mc^2}\right)}\cos(b\varphi)} \quad (107)$$

これを、ニュートン力学での軌道の式と比較する。ニュートン力学での軌道の式は次のとおりである [2]。

$$r = \frac{J^2/GM}{1 + \sqrt{1 + \frac{2HJ^2}{mG^2M^2}}\cos(\varphi)} \quad (108)$$

式 (107) と式 (108) を比較すると、ニュートン力学では $b = 1$ となっていること、式 (107) では、エネルギーの補正が付いていることが違っている。

特に、式 (107) では、cos 関数の φ に係数 b がかかっていることで、式 (107) は閉じた

楕円にはなっていないことが分かる。

❸ アインシュタインの一般相対性理論との比較

アインシュタインの一般相対性理論では、いくつかの理論的予測が現実の現象と合っていると考えられている。ここでは、上記で求めた、重力ポテンシャルをスカラーポテンシャルとした運動方程式の結果（スカラーポテンシャル理論ということにする）ではどうなるのかを見ておこう。調べるのは、アインシュタインの一般相対性理論が正しいと考えられている根拠となっている下記の現象についてである。

1. 重力による光のスペクトルの赤方偏移
2. 重力場による光の湾曲
3. 水星の近日点移動
4. 重力による時間の遅れ

■ 重力による光のスペクトルの赤方偏移

質点のエネルギーとポテンシャルの関係は、式 (82) で得られている。
$$P^0 = (E/c)e^{-\phi/c^2} \tag{82}$$
この式には、質点の質量が現れていないので、光に対しても成り立つものと考える。光のエネルギー（運動エネルギー）は、振動数を ν として、$P^0 = \dfrac{h\nu}{c}$ となるので、
$$h\nu = Ee^{-\phi/c^2} \tag{109}$$
となる。E は、ポテンシャルエネルギーも含んだ全エネルギーである。

ポテンシャルの中心からの距離 r_1 での振動数を ν_1、距離 r_2 での振動数を ν_2 とすると、
$$h\nu_1 = Ee^{-\phi(r_1)/c^2} \text{、} h\nu_2 = Ee^{-\phi(r_2)/c^2}$$
従って、
$$\frac{\Delta\nu}{\nu_1} = \frac{\nu_2 - \nu_1}{\nu_1} = \frac{\nu_2}{\nu_1} - 1 = e^{-(1/c^2)[\phi(r_2)-\phi(r_1)]} - 1$$
$$\approx 1 - \frac{1}{c^2}[\phi(r_2) - \phi(r_1)] - 1 = -\frac{1}{c^2}[\phi(r_2) - \phi(r_1)]$$
ここで、$\phi = -\dfrac{GM}{r}$ を入れると、
$$\frac{\Delta\nu}{\nu_1} = -\frac{1}{c^2}\left(-\frac{GM}{r_2} + \frac{GM}{r_1}\right) = -\frac{GM}{c^2}\left(\frac{1}{r_1} - \frac{1}{r_2}\right) \tag{110}$$
この式は、アインシュタインの一般相対性理論での式とまったく同じである [3]。ただ

し、アインシュタインの一般相対性理論では、スペクトルの赤方偏移は、重力による時間の遅れによるものと考えているが、スカラーポテンシャル理論では、単に、エネルギー保存則によるものと考える。

■ 重力場による光の湾曲

重力場内の光の運動方程式は、式 (92) から式 (98) を導き出したのと同様にして求めることができる。ただし、式 (92) では、右辺は 0 となる。すなわち、

$$\left(P^0\right)^2 - \left(P^r\right)^2 - r^2 \left(P^\varphi\right)^2 = 0 \tag{111}$$

これを $(P^\varphi)^2$ で割って、光の運動方程式を求める。

$$\left(\frac{P^0}{P^\varphi}\right)^2 - \left(\frac{P^r}{P^\varphi}\right)^2 - r^2 \left(\frac{P^\varphi}{P^\varphi}\right)^2 = 0$$

$$\therefore \left(\frac{(E/c)e^{-\phi/c^2}}{Lr^{-2}e^{-\phi/c^2}}\right)^2 - \left(\frac{dr}{d\varphi}\right)^2 - r^2 = 0$$

$$\therefore \left(\frac{dr}{d\varphi}\right)^2 = (E/Lc)^2 r^4 - r^2 \tag{112}$$

従って、

$$\int \frac{dr}{\sqrt{(E/Lc)^2 r^4 - r^2}} = \pm \int d\varphi$$

左辺の積分で、$(E/Lc)^2 r^2 - 1 = s^2$ とおくと、左辺は、

$$\frac{1}{(E/Lc)^2} \int \frac{(s/r)ds}{\sqrt{r^2 s^2}} = \frac{1}{(E/Lc)^2} \int \frac{s ds}{r^2 s} = \frac{1}{(E/Lc)^2} \int \frac{ds}{r^2} = \int \frac{ds}{s^2 + 1} = \tan^{-1} s$$
$$= \tan^{-1} \sqrt{(E/Lc)^2 r^2 - 1}$$

従って、

$$\tan^{-1} \sqrt{(E/Lc)^2 r^2 - 1} = \pm \varphi + C$$

$$\therefore \sqrt{(E/Lc)^2 r^2 - 1} = \tan(\pm \varphi + C)$$

$$\therefore (E/Lc)^2 r^2 - 1 = \tan^2(\pm \varphi + C)$$

$C = 0$、φ はプラスを取ると、

$$(E/Lc)^2 r^2 - 1 = \tan^2 \varphi$$

$$\therefore (E/Lc)^2 r^2 = 1 + \tan^2 \varphi$$

$$\therefore (E/Lc)^2 r^2 = \frac{1}{\cos^2 \varphi}$$

$$\therefore r \cos \varphi = Lc/E \tag{113}$$

この式は、中心から Lc/E だけ離れた点を通る直線の式を表す。すなわち、光の軌道は直線であり、曲がってはいない。

■ 水星の近日点移動

式 (107) を求めたときに示したように、cos 関数の φ に係数 b がかかっているため、これは閉じた楕円にはなっていない。$b^2 = 1 + k^2/2$ なので、

$$b \approx 1 + \frac{1}{4}k^2 = 1 + \frac{1}{4}(cR/J)^2 = 1 + \frac{5}{2} \times 10^{-8}$$

となる。$b > 1$ であることから、$\cos(b\varphi)$ は、φ が 2π になる前に、$b\varphi$ が 2π となるため、cos として最大値又は最小値を取る。つまり、近日点、もしくは遠日点は、1 周する前に到達することになる。これは、近日点が手前に移動することを示している。

アインシュタインの一般相対性理論では、例えば、内山龍雄の「一般相対性理論」では、$\cos(\eta\varphi)$ として、$\eta = 1 - \frac{3}{4}\left(\frac{Rc}{J}\right)^2$ となる、と記載されている（記号は本誌に合わせて変えてある）[1]。こちらは、$\eta < 1$ であるため、近日点は先に進んでいく。

■ 重力による時間の遅れ

アインシュタインの一般相対性理論では、重力場内の時間は、遠方から見た場合、遅れることが示される。すなわち、質点の固有時 τ と時間座標 t との間に、次の関係が成り立つ（計量テンソルが対角型の場合の式）[3, 4]。

$$d\tau = dt\sqrt{g_{00} - (v/c)^2} \tag{114}$$

$$g_{00} = 1 + \frac{2\phi}{c^2} \tag{115}$$

式 (114) に式 (115) を入れ、$v = 0$、$\phi \ll c^2$ の条件で近似すると、

$$d\tau = dt\sqrt{1 + \frac{2\phi}{c^2}} \approx dt\left(1 + \frac{\phi}{c^2}\right) \tag{116}$$

ここで注意してほしいことは、式 (114) は重力場の理論とは関係なく成り立つ式であり、アインシュタインの着想は、式 (115) の方である、ということである。

スカラーポテンシャル理論では、質点の固有時 τ と時間座標 t との間の関係は、式 (82) で与えられる。

$$P^0 = (E/c)e^{-\phi/c^2} \tag{82}$$

$P^0 = mc\dfrac{dt}{d\tau}$ なので、

$$\frac{dt}{d\tau} = \frac{E}{mc^2}e^{-\phi/c^2}$$

$$\therefore d\tau = \frac{mc^2}{E} e^{(\phi/c^2)} dt \tag{117}$$

$E \approx mc^2$、$\phi \ll c^2$ の条件で近似すると、

$$d\tau \approx dt \left(1 + \frac{\phi}{c^2}\right) \tag{118}$$

式 (118) は式 (116) と同じ形であるが、これは単なる偶然である。なぜなら、式 (118) は、ポテンシャルエネルギーが運動エネルギーに変わることで質点の速さが増し、固有時が遅くなることによる時間の遅れを表しているからである。重力場だけで時間が遅くなることはない。

■ スカラーポテンシャル理論の意義

上記で見たように、スカラーポテンシャル理論では、アインシュタインの一般相対性理論と同じ結果を与えるものもあるが、まったく異なる結果を与えるものも多い。しかし、それで直ちにスカラーポテンシャル理論が間違いである、という結論にはならない。アインシュタインの一般相対性理論とは前提が異なるのであるから、違う結論となるのは当然である。アインシュタインの一般相対性理論の結果を以って真偽を判断してはいけない。

重力場内での光の湾曲は、観測結果から、光が曲がって進んできていることは確かである。アインシュタインは、その原因を重力によって時空が歪んだためとしたのであるが、スカラーポテンシャル理論では重力では光は曲がらないという結論であった。とはいえ、それだけでスカラーポテンシャル理論が間違っていると判断してはいけない。スカラーポテンシャル理論では重力以外の要因で光が曲がると考えるのである。例えば、光を屈折させる物質が途中にないのか、ということを調べてみるのである。その結果、物質による屈折の可能性がまったくないと示されれば、アインシュタインの理論はより強固なものとなる。

水星の近日点移動では、移動の向きが逆の結果となっているが、これも直ちにスカラーポテンシャル理論が間違っている、とする必要はない。元々、近日点移動の要因のほとんどは、他の惑星からの摂動である。この摂動計算をスカラーポテンシャルで行ってみて、それでも現実と違うのであれば、スカラーポテンシャル理論ではだめだ、となる。ただし、アインシュタインの一般相対性理論でも、摂動計算からやり直す必要があるのは同じである。

最後に、重力場による時間の遅れである。GPS の普及により、重力場による時間の遅れは今や当然のことと受け取られている。しかし、これについても検討は十分とは言えな

い。初めから重力による時間の遅れありきで考えられているが、重力によって時間が遅れると考えられている現象は、実は、重力以外の要因による遅れかもしれないし、また、重力により遅れるのは時間ではなく、時計の方かもしれない。

上記のようなことを書いているのは、アインシュタインの一般相対性理論が本当に正しい理論となるためには、それを否定するようなあらゆる可能性を考えて、それらを排除出来なければならない、と考えるからである。逆に言えば、新たな理論が既知の現象を矛盾なく説明できるならば、その理論を排除してはならないのである。

❽ 付録

❶ テンソルの概要について

テンソルの概要について、簡単にまとめておく。数学的に厳密に扱ってはいないので、詳しい理論を知りたい人は、専門書で勉強することをお勧めする。とりあえず、それなりに計算ができる程度には説明する。

■ 座標変換

座標とは、空間内の1点を指定する数字の組合せである。3次元空間ならば3個の数字の組合せとなり、4次元時空ならば、4個の数字の組合せとなる。これを x^μ というように書く。このときの μ は、座標を表す数字を区別するもので、実際は、(x^0, x^1, x^2, x^3) のことである。さらにこれらは、(ct, x, y, z) のことを表したりする。形式的に簡潔に記載するため、添字を付けて座標を表す。

さて、座標の数字だけ与えられても場所を指定することはできない。直交座標系と極座標系では、その数字の意味がまるで違う。数字の決め方を知らなければ、座標として役には立たない。数字の決め方を定義して、場所を指定するものが座標系である。

座標系の例として、上に挙げた直交座標系や極座標系が代表的なものであるが、同じ直交座標系であっても、原点の位置や軸の方向が異なれば、違う座標系となる。座標系は、人間が勝手に設定できるものであって、いく通りも設定が可能である。

2つの座標系の間の関係を示す式が、座標変換式である。直交座標系と極座標系の間の座標変換式は、式(55)及び(56)で示したものである。座標変換式は、変換後の座標が、変換前の座標の関数として与えられる。

■ ベクトル

　ベクトルは、直感的には、空間内に置かれた矢印のことである。今、3 次元空間内のある点に微小な矢印があるとしよう。これは微小なベクトルである。分かりやすいように、直交座標系で考える。直交座標系での微小ベクトルの成分を $(\delta x, \delta y, \delta z)$ とする。これを極座標系で見たとき、この微小ベクトルの成分がどのように表されるかを調べる。必要なのは、極座標系での微小ベクトル $(\delta r, \delta \theta, \delta \varphi)$ が、$\delta x, \delta y, \delta z$ を使ってどのように表されるのか、ということである。これは、全微分の式から直ちに出てくる。すなわち、

$$\delta r = \frac{\partial r}{\partial x}\delta x + \frac{\partial r}{\partial y}\delta y + \frac{\partial r}{\partial z}\delta z$$

$$\delta \theta = \frac{\partial \theta}{\partial x}\delta x + \frac{\partial \theta}{\partial y}\delta y + \frac{\partial \theta}{\partial z}\delta z$$

$$\delta \varphi = \frac{\partial \varphi}{\partial x}\delta x + \frac{\partial \varphi}{\partial y}\delta y + \frac{\partial \varphi}{\partial z}\delta z$$

これらをまとめて、次のような形に書く。

$$\delta x'^{\mu} = \frac{\partial x'^{\mu}}{\partial x^{\nu}} \delta x^{\nu} \tag{119}$$

このとき、添字 ν で和を取っている。上下の添字で同じ文字があるときは和を取るという約束事が使われている。

　δx^{ν} は座標変換前の微小ベクトルであり、$\delta x'^{\mu}$ は座標変換後の微小ベクトルである。そこで今後式 (119) の形で変換されるものをベクトルと定義することにする。

　ところで、話はそう単純ではない。矢印で表されるものの中には、式 (119) とは違う変換をするものがあるからである。それはスカラー量を座標微分したものである。例えば、$\left(\frac{\partial \phi}{\partial x}, \frac{\partial \phi}{\partial y}, \frac{\partial \phi}{\partial z}\right)$ は、空間内の矢印で表される。これを座標変換すると、偏微分の性質から次のように変換される。

$$\begin{cases} \dfrac{\partial \phi}{\partial r} = \dfrac{\partial x}{\partial r}\dfrac{\partial \phi}{\partial x} + \dfrac{\partial y}{\partial r}\dfrac{\partial \phi}{\partial y} + \dfrac{\partial z}{\partial r}\dfrac{\partial \phi}{\partial z} \\ \dfrac{\partial \phi}{\partial \theta} = \dfrac{\partial x}{\partial \theta}\dfrac{\partial \phi}{\partial x} + \dfrac{\partial y}{\partial \theta}\dfrac{\partial \phi}{\partial y} + \dfrac{\partial z}{\partial \theta}\dfrac{\partial \phi}{\partial z} \\ \dfrac{\partial \phi}{\partial \varphi} = \dfrac{\partial x}{\partial \varphi}\dfrac{\partial \phi}{\partial x} + \dfrac{\partial y}{\partial \varphi}\dfrac{\partial \phi}{\partial y} + \dfrac{\partial z}{\partial \varphi}\dfrac{\partial \phi}{\partial z} \end{cases}$$

これらをまとめて $\dfrac{\partial \phi}{\partial x'^{\mu}} = \dfrac{\partial x^{\nu}}{\partial x'^{\mu}} \dfrac{\partial \phi}{\partial x^{\nu}}$ というふうに書く。

$\dfrac{\partial \phi}{\partial x^{\nu}} = B_{\nu}$ とおくと、式 (119) との違いが明確になる。

$$B'_{\mu} = \frac{\partial x^{\nu}}{\partial x'^{\mu}} B_{\nu} \tag{120}$$

今度は、ベクトルの添字を下付きに付けている。これは、変換行列が式 (119) とは異なるためである。このように、座標変換では 2 つの変換行列が存在し、それに対応して 2 種類のベクトルが存在する。式 (119) と式 (120) の変換行列は、逆行列の関係にある。それは、偏微分の性質から直ちに分かる。

日常的には、ベクトルに 2 種類あることは意味がない。矢印を表すことが出来ればよいからである。しかし、2 種類あることで便利なことがある。それは、上付きベクトルと下付きベクトルの各成分を掛け算して足し合わせたものがスカラー量になるということである。式で書くと次のようになる。

$$A^\mu B_\mu = A^1 B_1 + A^2 B_2 + A^3 B_3 = A'^1 B'_1 + A'^2 B'_2 + A'^3 B'_3 = A'^\mu B'_\mu$$

これは、式 (119) と式 (120) の変換行列が逆行列になっていることから直ちに分かる。上付きベクトルと下付きベクトルの各成分を掛け算して足し合わせたものを内積と呼ぶ。

とはいえ、これは、上付きベクトルと下付きベクトルの組合せでしか使えない。上付きベクトル同士、あるいは、下付きベクトル同士で内積が定義できれば更に有用である。特に、自分自身との内積を定義できれば、それは、ベクトルの持っているスカラー量に対応しているはずである。ベクトルの持っているスカラー量とは、ベクトルの長さである。そこで、自分自身との内積を定義するテンソルを考える。それは次のものである。

$$|A|^2 = g_{\mu\nu} A^\mu A^\nu \tag{121}$$

$|A|$ は A^μ の長さである。式 (121) を空間内の微小ベクトルに適用した $ds^2 = g_{\mu\nu} dx^\mu dx^\nu$ が、空間内の距離（計量）を定義することから、$g_{\mu\nu}$ を計量テンソルという。$g_{\mu\nu}$ は、添字について対称である。$g_{\mu\nu}$ を決めればそれに応じた幾何学が出来るが、物理学では現実に対応したものを使わなければならない。3 次元の直交座標系では、$g_{\mu\nu}$ は単位行列である。相対性理論では 4 次元時空を扱うので、それに応じた計量テンソルが必要になる。直交座標系では、次の通りである（空白は 0 が入る）。

$$g_{\mu\nu} = \begin{pmatrix} 1 & & & \\ & -1 & & \\ & & -1 & \\ & & & -1 \end{pmatrix} \tag{122}$$

なお、符号は逆であってもよい。

■ テンソル

ベクトルは、座標変換で次のように変換するものである。

$$A'^{\mu} = \frac{\partial x'^{\mu}}{\partial x^{\nu}} A^{\nu}, \quad B'_{\mu} = \frac{\partial x^{\nu}}{\partial x'^{\mu}} B_{\nu}$$

これを拡張したものがテンソルである。例えば、2階の反変テンソルであれば次のように変換する。

$$C'^{\mu\nu} = \frac{\partial x'^{\mu}}{\partial x^{\rho}} \frac{\partial x'^{\nu}}{\partial x^{\eta}} C^{\rho\eta}$$

2階の共変テンソルは次のようになる。

$$D'_{\mu\nu} = \frac{\partial x^{\rho}}{\partial x'^{\mu}} \frac{\partial x^{\eta}}{\partial x'^{\nu}} D_{\rho\eta}$$

混合テンソルも考えることができるし、更に階層の大きいテンソルも同様に定義できる。2階のテンソルであれば、行列の形式に書くことが出来るが、それよりも高階のテンソルを記述することは困難である。テンソルは、全体を俯瞰するよりも成分で考えた方が扱いやすい。

2階の下付きテンソルと上付きベクトルを掛けて、成分で和を取ったものは、下付きベクトルとなる。すなわち、$D_{\rho\eta}A^{\eta}$ は、B_{ρ} と同じように変換する。これを示すために、$D_{\rho\eta}A^{\eta}$ の変換性を調べる。具体的には、変換後の量 $D'_{\mu\nu}A'^{\nu}$ が変換前の式でどう表されるかを調べればよい。

$$\begin{aligned}
D'_{\mu\nu}A'^{\nu} &= \frac{\partial x^{\rho}}{\partial x'^{\mu}} \frac{\partial x^{\eta}}{\partial x'^{\nu}} D_{\rho\eta} \frac{\partial x'^{\nu}}{\partial x^{\lambda}} A^{\lambda} = \frac{\partial x^{\rho}}{\partial x'^{\mu}} \frac{\partial x^{\eta}}{\partial x'^{\nu}} \frac{\partial x'^{\nu}}{\partial x^{\lambda}} D_{\rho\eta} A^{\lambda} = \frac{\partial x^{\rho}}{\partial x'^{\mu}} \delta^{\eta}_{\lambda} D_{\rho\eta} A^{\lambda} \\
&= \frac{\partial x^{\rho}}{\partial x'^{\mu}} D_{\rho\eta} A^{\eta}
\end{aligned}$$

これは、下付きベクトルの変換性と同じである。このとき、$\frac{\partial x^{\eta}}{\partial x'^{\nu}} \frac{\partial x'^{\nu}}{\partial x^{\lambda}} = \delta^{\eta}_{\lambda}$ を使っているが、この関係式はテンソルの計算でよく出てくる。

なお、上付き添字と下付き添字の同じ文字で和を取る操作を縮約という。

■ 添字の上げ下げ

計量テンソルを使うと、ベクトルの添字を上げ下げできる。式 (121) で、$g_{\mu\nu}A^{\nu} = A_{\mu}$ とおけば、式 (121) は、$|A|^2 = A^{\mu}A_{\mu}$ となり、内積の式となる。つまり、$g_{\mu\nu}$ で下付きベクトルに変換したものは、そのベクトルの下付き表現だとするのである。

もう1つ、下付きベクトルから上付きベクトルに変換するテンソルが必要である。それを $h^{\mu\nu}$ とおこう。そうすると、$B^{\mu} = h^{\mu\nu}B_{\nu}$ となる。ここに、$B_{\nu} = g_{\nu\rho}B^{\rho}$ を入れると、$B^{\mu} = h^{\mu\nu}g_{\nu\rho}B^{\rho}$ となるので、$h^{\mu\nu}g_{\nu\rho} = \delta^{\mu}_{\rho}$ でなければならない。さらに、$g_{\nu\rho}$ を上付きにすると、$g^{\mu\nu} = h^{\mu\lambda}h^{\nu\rho}g_{\lambda\rho}$ が成り立たなければならない。$h^{\nu\rho}g_{\lambda\rho} = \delta^{\nu}_{\lambda}$ を使うと、$g^{\mu\nu} = h^{\mu\nu}$ となる。すなわち、下付きベクトルから上付きベクトルに変換するテンソルは

$g^{\mu\nu}$ である。また、$g^{\mu\nu}$ は、$g_{\lambda\rho}$ の逆行列である。

❷ $G_{\lambda\rho}$ の変換性

式 (31) を変形して、$G_{\lambda\rho}$ の変換性を求める計算は、以下のとおりである。

$$g'^{\mu\lambda}\left(H'_{\lambda\rho} + G'_{\lambda\rho} - \frac{1}{2}\frac{dg'_{\lambda\rho}}{d\tau}\right)P'^{\rho}$$
$$= \frac{\partial x'^{\mu}}{\partial x^{\nu}}\left[g^{\nu\lambda}\left(H_{\lambda\rho} + G_{\lambda\rho} - \frac{1}{2}\frac{dg_{\lambda\rho}}{d\tau}\right)P^{\rho}\right] + \frac{d}{d\tau}\left(\frac{\partial x'^{\mu}}{\partial x^{\nu}}\right)P^{\nu} \qquad (31)$$

式 (31) の左辺を計算すると次のようになる。

$$g'^{\mu\lambda}\left(H'_{\lambda\rho} + G'_{\lambda\rho} - \frac{1}{2}\frac{dg'_{\lambda\rho}}{d\tau}\right)P'^{\rho}$$

$$= \frac{\partial x'^{\mu}}{\partial x^{\nu}}\frac{\partial x'^{\lambda}}{\partial x^{\eta}}g^{\nu\eta}\left[\frac{\partial x^{\xi}}{\partial x'^{\lambda}}\frac{\partial x^{\zeta}}{\partial x'^{\rho}}H_{\xi\zeta} + G'_{\lambda\rho} - \frac{1}{2}\frac{d}{d\tau}\left(\frac{\partial x^{\xi}}{\partial x'^{\lambda}}\frac{\partial x^{\zeta}}{\partial x'^{\rho}}g_{\xi\zeta}\right)\right]\frac{\partial x'^{\rho}}{\partial x^{\sigma}}P^{\sigma}$$

$$= \frac{\partial x'^{\mu}}{\partial x^{\nu}}\frac{\partial x'^{\lambda}}{\partial x^{\eta}}g^{\nu\eta}\frac{\partial x^{\xi}}{\partial x'^{\lambda}}\frac{\partial x^{\zeta}}{\partial x'^{\rho}}H_{\xi\zeta}\frac{\partial x'^{\rho}}{\partial x^{\sigma}}P^{\sigma} + \frac{\partial x'^{\mu}}{\partial x^{\nu}}\frac{\partial x'^{\lambda}}{\partial x^{\eta}}g^{\nu\eta}G'_{\lambda\rho}\frac{\partial x'^{\rho}}{\partial x^{\sigma}}P^{\sigma}$$
$$- \frac{1}{2}\frac{\partial x'^{\mu}}{\partial x^{\nu}}\frac{\partial x'^{\lambda}}{\partial x^{\eta}}g^{\nu\eta}\frac{d}{d\tau}\left(\frac{\partial x^{\xi}}{\partial x'^{\lambda}}\frac{\partial x^{\zeta}}{\partial x'^{\rho}}g_{\xi\zeta}\right)\frac{\partial x'^{\rho}}{\partial x^{\sigma}}P^{\sigma}$$

$$= \frac{\partial x'^{\mu}}{\partial x^{\nu}}\delta^{\xi}_{\eta}\delta^{\zeta}_{\sigma}g^{\nu\eta}H_{\xi\zeta}P^{\sigma} + \frac{\partial x'^{\mu}}{\partial x^{\nu}}\frac{\partial x'^{\lambda}}{\partial x^{\eta}}g^{\nu\eta}G'_{\lambda\rho}\frac{\partial x'^{\rho}}{\partial x^{\sigma}}P^{\sigma}$$
$$- \frac{1}{2}\frac{\partial x'^{\mu}}{\partial x^{\nu}}\frac{\partial x'^{\lambda}}{\partial x^{\eta}}g^{\nu\eta}\left[\frac{d}{d\tau}\left(\frac{\partial x^{\xi}}{\partial x'^{\lambda}}\right)\frac{\partial x^{\zeta}}{\partial x'^{\rho}}g_{\xi\zeta} + \frac{\partial x^{\xi}}{\partial x'^{\lambda}}\frac{d}{d\tau}\left(\frac{\partial x^{\zeta}}{\partial x'^{\rho}}\right)g_{\xi\zeta}\right.$$
$$\left. + \frac{\partial x^{\xi}}{\partial x'^{\lambda}}\frac{\partial x^{\zeta}}{\partial x'^{\rho}}\frac{d}{d\tau}g_{\xi\zeta}\right]\frac{\partial x'^{\rho}}{\partial x^{\sigma}}P^{\sigma}$$

$$= \frac{\partial x'^{\mu}}{\partial x^{\nu}}g^{\nu\eta}H_{\eta\sigma}P^{\sigma} + \frac{\partial x'^{\mu}}{\partial x^{\nu}}\frac{\partial x'^{\lambda}}{\partial x^{\eta}}g^{\nu\eta}G'_{\lambda\rho}\frac{\partial x'^{\rho}}{\partial x^{\sigma}}P^{\sigma}$$
$$- \frac{1}{2}\left[\frac{\partial x'^{\mu}}{\partial x^{\nu}}\frac{\partial x'^{\lambda}}{\partial x^{\eta}}g^{\nu\eta}\frac{d}{d\tau}\left(\frac{\partial x^{\xi}}{\partial x'^{\lambda}}\right)\frac{\partial x^{\zeta}}{\partial x'^{\rho}}g_{\xi\zeta}\frac{\partial x'^{\rho}}{\partial x^{\sigma}}P^{\sigma}\right.$$
$$+ \frac{\partial x'^{\mu}}{\partial x^{\nu}}\frac{\partial x'^{\lambda}}{\partial x^{\eta}}g^{\nu\eta}\frac{\partial x^{\xi}}{\partial x'^{\lambda}}\frac{d}{d\tau}\left(\frac{\partial x^{\zeta}}{\partial x'^{\rho}}\right)g_{\xi\zeta}\frac{\partial x'^{\rho}}{\partial x^{\sigma}}P^{\sigma}$$
$$\left. + \frac{\partial x'^{\mu}}{\partial x^{\nu}}\frac{\partial x'^{\lambda}}{\partial x^{\eta}}g^{\nu\eta}\frac{\partial x^{\xi}}{\partial x'^{\lambda}}\frac{\partial x^{\zeta}}{\partial x'^{\rho}}\frac{dg_{\xi\zeta}}{d\tau}\frac{\partial x'^{\rho}}{\partial x^{\sigma}}P^{\sigma}\right]$$

[ ] の項のみを計算すると、

$$-\frac{1}{2}[\;] = -\frac{1}{2}\left[\frac{\partial x'^{\mu}}{\partial x^{\nu}}\frac{\partial x'^{\lambda}}{\partial x^{\eta}}g^{\nu\eta}\frac{d}{d\tau}\left(\frac{\partial x^{\xi}}{\partial x'^{\lambda}}\right)g_{\xi\zeta}\delta^{\zeta}_{\sigma}P^{\sigma}\right.$$
$$\left. + \frac{\partial x'^{\mu}}{\partial x^{\nu}}g^{\nu\eta}\delta^{\xi}_{\eta}\frac{d}{d\tau}\left(\frac{\partial x^{\zeta}}{\partial x'^{\rho}}\right)g_{\xi\zeta}\frac{\partial x'^{\rho}}{\partial x^{\sigma}}P^{\sigma}\right.$$

$$
+ \frac{\partial x'^\mu}{\partial x^\nu} g^{\nu\eta} \delta_\eta^\xi \delta_\sigma^\zeta \frac{dg_{\xi\zeta}}{d\tau} P^\sigma \Bigg]
$$

$$
= -\frac{1}{2} \Bigg[\frac{\partial x'^\mu}{\partial x^\nu} \frac{\partial x'^\lambda}{\partial x^\eta} g^{\nu\eta} \frac{d}{d\tau}\left(\frac{\partial x^\xi}{\partial x'^\lambda}\right) g_{\xi\sigma} P^\sigma
$$

$$
+ \frac{\partial x'^\mu}{\partial x^\nu} g^{\nu\eta} \frac{d}{d\tau}\left(\frac{\partial x^\zeta}{\partial x'^\rho}\right) g_{\eta\zeta} \frac{\partial x'^\rho}{\partial x^\sigma} P^\sigma + \frac{\partial x'^\mu}{\partial x^\nu} g^{\nu\eta} \frac{dg_{\eta\sigma}}{d\tau} P^\sigma \Bigg]
$$

$$
= -\frac{1}{2} \frac{\partial x'^\mu}{\partial x^\nu} \Bigg[\frac{\partial x'^\lambda}{\partial x^\eta} g^{\nu\eta} \frac{d}{d\tau}\left(\frac{\partial x^\xi}{\partial x'^\lambda}\right) g_{\xi\sigma} P^\sigma
$$

$$
+ \delta_\zeta^\nu \frac{d}{d\tau}\left(\frac{\partial x^\zeta}{\partial x'^\rho}\right) \frac{\partial x'^\rho}{\partial x^\sigma} P^\sigma + g^{\nu\eta} \frac{dg_{\eta\sigma}}{d\tau} P^\sigma \Bigg]
$$

以上をまとめると、式 (31) の左辺は、

$$
式 (31) の左辺 = \frac{\partial x'^\mu}{\partial x^\nu} g^{\nu\eta} H_{\eta\sigma} P^\sigma + \frac{\partial x'^\mu}{\partial x^\nu} \frac{\partial x'^\lambda}{\partial x^\eta} g^{\nu\eta} G'_{\lambda\rho} \frac{\partial x'^\rho}{\partial x^\sigma} P^\sigma
$$

$$
- \frac{1}{2} \frac{\partial x'^\mu}{\partial x^\nu} \Bigg[\frac{\partial x'^\lambda}{\partial x^\eta} g^{\nu\eta} \frac{d}{d\tau}\left(\frac{\partial x^\xi}{\partial x'^\lambda}\right) g_{\xi\sigma} P^\sigma + \frac{d}{d\tau}\left(\frac{\partial x^\nu}{\partial x'^\rho}\right) \frac{\partial x'^\rho}{\partial x^\sigma} P^\sigma + g^{\nu\eta} \frac{dg_{\eta\sigma}}{d\tau} P^\sigma \Bigg]
$$

従って式 (31) は、以下となる。

$$
\frac{\partial x'^\mu}{\partial x^\nu} g^{\nu\eta} H_{\eta\sigma} P^\sigma + \frac{\partial x'^\mu}{\partial x^\nu} \frac{\partial x'^\lambda}{\partial x^\eta} g^{\nu\eta} G'_{\lambda\rho} \frac{\partial x'^\rho}{\partial x^\sigma} P^\sigma - \frac{1}{2} \frac{\partial x'^\mu}{\partial x^\nu} \Bigg[\frac{\partial x'^\lambda}{\partial x^\eta} g^{\nu\eta} \frac{d}{d\tau}\left(\frac{\partial x^\xi}{\partial x'^\lambda}\right) g_{\xi\sigma} P^\sigma
$$

$$
+ \frac{d}{d\tau}\left(\frac{\partial x^\nu}{\partial x'^\rho}\right) \frac{\partial x'^\rho}{\partial x^\sigma} P^\sigma + g^{\nu\eta} \frac{dg_{\eta\sigma}}{d\tau} P^\sigma \Bigg]
$$

$$
= \frac{\partial x'^\mu}{\partial x^\nu} \Bigg[g^{\nu\lambda} \left(H_{\lambda\rho} + G_{\lambda\rho} - \frac{1}{2} \frac{dg_{\lambda\rho}}{d\tau} \right) P^\rho \Bigg] + \frac{d}{d\tau}\left(\frac{\partial x'^\mu}{\partial x^\nu}\right) P^\nu \tag{123}
$$

$H_{\lambda\rho}$ の項と $\frac{dg_{\lambda\rho}}{d\tau}$ は両辺にあって打ち消しあうので、残るのは以下となる。

$$
\frac{\partial x'^\mu}{\partial x^\nu} \frac{\partial x'^\lambda}{\partial x^\eta} g^{\nu\eta} G'_{\lambda\rho} \frac{\partial x'^\rho}{\partial x^\sigma} P^\sigma - \frac{1}{2} \frac{\partial x'^\mu}{\partial x^\nu} \Bigg[\frac{\partial x'^\lambda}{\partial x^\eta} g^{\nu\eta} \frac{d}{d\tau}\left(\frac{\partial x^\xi}{\partial x'^\lambda}\right) g_{\xi\sigma} P^\sigma
$$

$$
+ \frac{d}{d\tau}\left(\frac{\partial x^\nu}{\partial x'^\rho}\right) \frac{\partial x'^\rho}{\partial x^\sigma} P^\sigma \Bigg] = \frac{\partial x'^\mu}{\partial x^\nu} \left(g^{\nu\lambda} G_{\lambda\rho} P^\rho \right) + \frac{d}{d\tau}\left(\frac{\partial x'^\mu}{\partial x^\nu}\right) P^\nu \tag{124}
$$

これを変形して、

$$
\frac{\partial x'^\mu}{\partial x^\nu} \frac{\partial x'^\lambda}{\partial x^\eta} g^{\nu\eta} G'_{\lambda\rho} \frac{\partial x'^\rho}{\partial x^\sigma} P^\sigma = \frac{\partial x'^\mu}{\partial x^\nu} \left(g^{\nu\lambda} G_{\lambda\rho} P^\rho \right) + \frac{d}{d\tau}\left(\frac{\partial x'^\mu}{\partial x^\nu}\right) P^\nu
$$

$$
+ \frac{1}{2} \frac{\partial x'^\mu}{\partial x^\nu} \Bigg[\frac{\partial x'^\lambda}{\partial x^\eta} g^{\nu\eta} \frac{d}{d\tau}\left(\frac{\partial x^\xi}{\partial x'^\lambda}\right) g_{\xi\sigma} P^\sigma + \frac{d}{d\tau}\left(\frac{\partial x^\nu}{\partial x'^\rho}\right) \frac{\partial x'^\rho}{\partial x^\sigma} P^\sigma \Bigg]
$$

両辺に $\frac{\partial x^\lambda}{\partial x'^\mu}$ を掛けて μ で和をとると、

$$
\frac{\partial x^\lambda}{\partial x'^\mu} \frac{\partial x'^\mu}{\partial x^\nu} \frac{\partial x'^\lambda}{\partial x^\eta} g^{\nu\eta} G'_{\lambda\rho} \frac{\partial x'^\rho}{\partial x^\sigma} P^\sigma = \frac{\partial x^\lambda}{\partial x'^\mu} \frac{\partial x'^\mu}{\partial x^\nu} \left(g^{\nu\lambda} G_{\lambda\rho} P^\rho \right) + \frac{\partial x^\lambda}{\partial x'^\mu} \frac{d}{d\tau}\left(\frac{\partial x'^\mu}{\partial x^\nu}\right) P^\nu
$$

$$+\frac{1}{2}\frac{\partial x^\lambda}{\partial x'^\mu}\frac{\partial x'^\mu}{\partial x^\nu}\left[\frac{\partial x'^\lambda}{\partial x^\eta}g^{\nu\eta}\frac{d}{d\tau}\left(\frac{\partial x^\xi}{\partial x'^\lambda}\right)g_{\xi\sigma}P^\sigma+\frac{d}{d\tau}\left(\frac{\partial x^\nu}{\partial x'^\rho}\right)\frac{\partial x'^\rho}{\partial x^\sigma}P^\sigma\right]$$

これを計算して、

$$\delta^\lambda_\nu\frac{\partial x'^\lambda}{\partial x^\eta}g^{\nu\eta}G'_{\lambda\rho}\frac{\partial x'^\rho}{\partial x^\sigma}P^\sigma=\delta^\lambda_\nu\left(g^{\nu\lambda}G_{\lambda\rho}P^\rho\right)+\frac{\partial x^\lambda}{\partial x'^\mu}\frac{d}{d\tau}\left(\frac{\partial x'^\mu}{\partial x^\nu}\right)P^\nu$$

$$+\frac{1}{2}\delta^\lambda_\nu\left[\frac{\partial x'^\lambda}{\partial x^\eta}g^{\nu\eta}\frac{d}{d\tau}\left(\frac{\partial x^\xi}{\partial x'^\lambda}\right)g_{\xi\sigma}P^\sigma+\frac{d}{d\tau}\left(\frac{\partial x^\nu}{\partial x'^\rho}\right)\frac{\partial x'^\rho}{\partial x^\sigma}P^\sigma\right]$$

従って、

$$\frac{\partial x'^\lambda}{\partial x^\eta}g^{\lambda\eta}G'_{\lambda\rho}\frac{\partial x'^\rho}{\partial x^\sigma}P^\sigma=g^{\lambda\lambda}G_{\lambda\rho}P^\rho+\frac{\partial x^\lambda}{\partial x'^\mu}\frac{d}{d\tau}\left(\frac{\partial x'^\mu}{\partial x^\nu}\right)P^\nu$$

$$+\frac{1}{2}\left[\frac{\partial x'^\lambda}{\partial x^\eta}g^{\lambda\eta}\frac{d}{d\tau}\left(\frac{\partial x^\xi}{\partial x'^\lambda}\right)g_{\xi\sigma}P^\sigma+\frac{d}{d\tau}\left(\frac{\partial x^\lambda}{\partial x'^\rho}\right)\frac{\partial x'^\rho}{\partial x^\sigma}P^\sigma\right]$$

両辺に $g_{\theta\lambda}$ を掛けて χ で和をとると、

$$g_{\theta\lambda}\frac{\partial x'^\lambda}{\partial x^\eta}g^{\lambda\eta}G'_{\lambda\rho}\frac{\partial x'^\rho}{\partial x^\sigma}P^\sigma=g_{\theta\lambda}g^{\lambda\lambda}G_{\lambda\rho}P^\rho+g_{\theta\lambda}\frac{\partial x^\lambda}{\partial x'^\mu}\frac{d}{d\tau}\left(\frac{\partial x'^\mu}{\partial x^\nu}\right)P^\nu$$

$$+\frac{1}{2}g_{\theta\lambda}\left[\frac{\partial x'^\lambda}{\partial x^\eta}g^{\lambda\eta}\frac{d}{d\tau}\left(\frac{\partial x^\xi}{\partial x'^\lambda}\right)g_{\xi\sigma}P^\sigma+\frac{d}{d\tau}\left(\frac{\partial x^\lambda}{\partial x'^\rho}\right)\frac{\partial x'^\rho}{\partial x^\sigma}P^\sigma\right]$$

これを計算して、

$$\delta^\eta_\theta\frac{\partial x'^\lambda}{\partial x^\eta}G'_{\lambda\rho}\frac{\partial x'^\rho}{\partial x^\sigma}P^\sigma=\delta^\lambda_\theta G_{\lambda\rho}P^\rho+g_{\theta\lambda}\frac{\partial x^\lambda}{\partial x'^\mu}\frac{d}{d\tau}\left(\frac{\partial x'^\mu}{\partial x^\nu}\right)P^\nu$$

$$+\frac{1}{2}\left[\frac{\partial x'^\lambda}{\partial x^\eta}\delta^\eta_\theta\frac{d}{d\tau}\left(\frac{\partial x^\xi}{\partial x'^\lambda}\right)g_{\xi\sigma}P^\sigma+g_{\theta\lambda}\frac{d}{d\tau}\left(\frac{\partial x^\lambda}{\partial x'^\rho}\right)\frac{\partial x'^\rho}{\partial x^\sigma}P^\sigma\right]$$

従って、

$$\frac{\partial x'^\lambda}{\partial x^\theta}G'_{\lambda\rho}\frac{\partial x'^\rho}{\partial x^\sigma}P^\sigma=G_{\theta\rho}P^\rho+g_{\theta\lambda}\frac{\partial x^\lambda}{\partial x'^\mu}\frac{d}{d\tau}\left(\frac{\partial x'^\mu}{\partial x^\nu}\right)P^\nu$$

$$+\frac{1}{2}\left[\frac{\partial x'^\lambda}{\partial x^\theta}\frac{d}{d\tau}\left(\frac{\partial x^\xi}{\partial x'^\lambda}\right)g_{\xi\sigma}P^\sigma+g_{\theta\lambda}\frac{d}{d\tau}\left(\frac{\partial x^\lambda}{\partial x'^\rho}\right)\frac{\partial x'^\rho}{\partial x^\sigma}P^\sigma\right] \qquad (125)$$

右辺の第 2 項を、次の関係式を使って書き換える。$\frac{\partial x^\lambda}{\partial x'^\mu}\frac{\partial x'^\mu}{\partial x^\nu}=\delta^\lambda_\nu$ を τ で微分して、

$$\frac{d}{d\tau}\left(\frac{\partial x^\lambda}{\partial x'^\mu}\frac{\partial x'^\mu}{\partial x^\nu}\right)=\frac{d}{d\tau}\left(\frac{\partial x^\lambda}{\partial x'^\mu}\right)\frac{\partial x'^\mu}{\partial x^\nu}+\frac{\partial x^\lambda}{\partial x'^\mu}\frac{d}{d\tau}\left(\frac{\partial x'^\mu}{\partial x^\nu}\right)=0$$

これから、$\frac{d}{d\tau}\left(\frac{\partial x^\lambda}{\partial x'^\mu}\right)\frac{\partial x'^\mu}{\partial x^\nu}=-\frac{\partial x^\lambda}{\partial x'^\mu}\frac{d}{d\tau}\left(\frac{\partial x'^\mu}{\partial x^\nu}\right)$ となる。これを右辺の第 2 項に使って、

$$\text{右辺第 2 項}=g_{\theta\lambda}\frac{\partial x^\lambda}{\partial x'^\mu}\frac{d}{d\tau}\left(\frac{\partial x'^\mu}{\partial x^\nu}\right)P^\nu=-g_{\theta\lambda}\frac{d}{d\tau}\left(\frac{\partial x^\lambda}{\partial x'^\mu}\right)\frac{\partial x'^\mu}{\partial x^\nu}P^\nu$$

μ,ν は和を取っている添字なので、$\mu\to\rho,\nu\to\sigma$ に替えると、

$$\text{右辺第 2 項}=-g_{\theta\lambda}\frac{d}{d\tau}\left(\frac{\partial x^\lambda}{\partial x'^\rho}\right)\frac{\partial x'^\rho}{\partial x^\sigma}P^\sigma$$

これは、式 (125) の第 4 項と符号、係数を除いて同じものなので、式 (125) は次のようになる。

$$\frac{\partial x'^\lambda}{\partial x^\theta} G'_{\lambda\rho} \frac{\partial x'^\rho}{\partial x^\sigma} P^\sigma$$
$$= G_{\theta\rho} P^\rho + \frac{1}{2}\left[\frac{\partial x'^\lambda}{\partial x^\theta}\frac{d}{d\tau}\left(\frac{\partial x^\xi}{\partial x'^\lambda}\right)g_{\xi\sigma}P^\sigma - \frac{d}{d\tau}\left(\frac{\partial x^\lambda}{\partial x'^\rho}\right)g_{\theta\chi}\frac{\partial x'^\rho}{\partial x^\sigma}P^\sigma\right] \quad (126)$$

右辺第 1 項の ρ を σ にすると、

$$\frac{\partial x'^\lambda}{\partial x^\theta}G'_{\lambda\rho}\frac{\partial x'^\rho}{\partial x^\sigma}P^\sigma = G_{\theta\sigma}P^\sigma + \frac{1}{2}\left[\frac{\partial x'^\lambda}{\partial x^\theta}\frac{d}{d\tau}\left(\frac{\partial x^\xi}{\partial x'^\lambda}\right)g_{\xi\sigma}P^\sigma - \frac{d}{d\tau}\left(\frac{\partial x^\lambda}{\partial x'^\rho}\right)g_{\theta\chi}\frac{\partial x'^\rho}{\partial x^\sigma}P^\sigma\right]$$

従って、

$$\frac{\partial x'^\lambda}{\partial x^\theta}G'_{\lambda\rho}\frac{\partial x'^\rho}{\partial x^\sigma} = G_{\theta\sigma} + \frac{1}{2}\left[\frac{\partial x'^\lambda}{\partial x^\theta}\frac{d}{d\tau}\left(\frac{\partial x^\xi}{\partial x'^\lambda}\right)g_{\xi\sigma} - \frac{d}{d\tau}\left(\frac{\partial x^\lambda}{\partial x'^\rho}\right)g_{\theta\chi}\frac{\partial x'^\rho}{\partial x^\sigma}\right]$$

両辺に $\dfrac{\partial x^\theta}{\partial x'^\alpha}\dfrac{\partial x^\sigma}{\partial x'^\beta}$ を掛けて θ, σ で和をとると、

$$\frac{\partial x^\theta}{\partial x'^\alpha}\frac{\partial x^\sigma}{\partial x'^\beta}\frac{\partial x'^\lambda}{\partial x^\theta}G'_{\lambda\rho}\frac{\partial x'^\rho}{\partial x^\sigma}$$
$$= \frac{\partial x^\theta}{\partial x'^\alpha}\frac{\partial x^\sigma}{\partial x'^\beta}G_{\theta\sigma} + \frac{1}{2}\frac{\partial x^\theta}{\partial x'^\alpha}\frac{\partial x^\sigma}{\partial x'^\beta}\left[\frac{\partial x'^\lambda}{\partial x^\theta}\frac{d}{d\tau}\left(\frac{\partial x^\xi}{\partial x'^\lambda}\right)g_{\xi\sigma} - \frac{d}{d\tau}\left(\frac{\partial x^\lambda}{\partial x'^\rho}\right)g_{\theta\chi}\frac{\partial x'^\rho}{\partial x^\sigma}\right]$$

ゆえに、

$$\delta^\lambda_\alpha \delta^\rho_\beta G'_{\lambda\rho} = \frac{\partial x^\theta}{\partial x'^\alpha}\frac{\partial x^\sigma}{\partial x'^\beta}G_{\theta\sigma} + \frac{1}{2}\left[\delta^\lambda_\alpha \frac{\partial x^\sigma}{\partial x'^\beta}\frac{d}{d\tau}\left(\frac{\partial x^\xi}{\partial x'^\lambda}\right)g_{\xi\sigma} - \delta^\rho_\beta\frac{\partial x^\theta}{\partial x'^\alpha}\frac{d}{d\tau}\left(\frac{\partial x^\lambda}{\partial x'^\rho}\right)g_{\theta\chi}\right]$$

従って、

$$G'_{\alpha\beta} = \frac{\partial x^\theta}{\partial x'^\alpha}\frac{\partial x^\sigma}{\partial x'^\beta}G_{\theta\sigma} + \frac{1}{2}\left[\frac{\partial x^\sigma}{\partial x'^\beta}\frac{d}{d\tau}\left(\frac{\partial x^\xi}{\partial x'^\alpha}\right)g_{\xi\sigma} - \frac{\partial x^\theta}{\partial x'^\alpha}\frac{d}{d\tau}\left(\frac{\partial x^\lambda}{\partial x'^\beta}\right)g_{\theta\chi}\right]$$
$$= \frac{\partial x^\theta}{\partial x'^\alpha}\frac{\partial x^\sigma}{\partial x'^\beta}G_{\theta\sigma} - \frac{1}{2}\left[\frac{\partial x^\theta}{\partial x'^\alpha}\frac{d}{d\tau}\left(\frac{\partial x^\chi}{\partial x'^\beta}\right)g_{\theta\chi} - \frac{\partial x^\sigma}{\partial x'^\beta}\frac{d}{d\tau}\left(\frac{\partial x^\xi}{\partial x'^\alpha}\right)g_{\xi\sigma}\right]$$

右辺の和の添字を取り直して、

$$G'_{\alpha\beta} = \frac{\partial x^\theta}{\partial x'^\alpha}\frac{\partial x^\sigma}{\partial x'^\beta}G_{\theta\sigma} - \frac{1}{2}\left[\frac{\partial x^\theta}{\partial x'^\alpha}\frac{d}{d\tau}\left(\frac{\partial x^\sigma}{\partial x'^\beta}\right) - \frac{\partial x^\sigma}{\partial x'^\beta}\frac{d}{d\tau}\left(\frac{\partial x^\theta}{\partial x'^\alpha}\right)\right]g_{\theta\sigma} \quad (127)$$

この式が、$G_{\theta\rho}$ の変換性を与える。

❸ 共変微分の求め方

　共変微分は、一般相対性理論の考え方に基づいて導くことができる。一般相対性理論の考え方とは、座標変換をしても式の形が変わらないことを要求し、もし式の形が変わるようであれば、元の式に修正を加えて、式の形が変わらないようにする、というものである。

　普通の微分 $\partial_\mu A_\nu$ では、一般座標変換では 2 階のテンソルにはならない。そこで、テンソルとして変換するようにするため補正項を付けることを考える。まず、$\partial_\mu A_\nu$ の変換性を求める。

$$\begin{aligned}
\partial'_\mu A'_\nu &= \frac{\partial}{\partial x'^\mu} A'_\nu = \frac{\partial}{\partial x'^\mu}\left(\frac{\partial x^\lambda}{\partial x'^\nu} A_\lambda\right) = \frac{\partial}{\partial x'^\mu}\left(\frac{\partial x^\lambda}{\partial x'^\nu}\right) A_\lambda + \frac{\partial x^\lambda}{\partial x'^\nu}\frac{\partial}{\partial x'^\mu} A_\lambda \\
&= \frac{\partial^2 x^\lambda}{\partial x'^\mu \partial x'^\nu} A_\lambda + \frac{\partial x^\lambda}{\partial x'^\nu}\frac{\partial x^\eta}{\partial x'^\mu} \partial_\eta A_\lambda
\end{aligned} \quad (128)$$

第1項があるため、$\partial_\mu A_\nu$ はテンソルとはならない。この第1項が現れないようにするために、A_ν を微分するときは、必ず補正項を追加することにする。その補正項もテンソルではないが、座標変換をすると、式 (128) の第1項を打ち消すような項が生じればよい。

その補正項は、$\partial_\mu A_\nu$ に追加するのだから、2つの添字を持たなければならない。また、式 (128) の第1項に A_λ が含まれていることから、補正項にも A_λ が含まれているはずである。そうすると、補正項は $C^\lambda_{\mu\nu} A_\lambda$ のような形になる。そこで、$\partial_\mu A_\nu + C^\lambda_{\mu\nu} A_\lambda$ が座標変換でどう変わるのかを調べると、

$$\partial'_\mu A'_\nu + C'^\lambda_{\mu\nu} A'_\lambda = \frac{\partial^2 x^\lambda}{\partial x'^\mu \partial x'^\nu} A_\lambda + \frac{\partial x^\eta}{\partial x'^\mu}\frac{\partial x^\lambda}{\partial x'^\nu} \partial_\eta A_\lambda + C'^\lambda_{\mu\nu}\frac{\partial x^\eta}{\partial x'^\lambda} A_\eta \quad (129)$$

一方、$\partial_\mu A_\nu + C^\lambda_{\mu\nu} A_\lambda$ がテンソルとして変換するならば、次のようにならなければならない。

$$\partial'_\mu A'_\nu + C'^\lambda_{\mu\nu} A'_\lambda = \frac{\partial x^\eta}{\partial x'^\mu}\frac{\partial x^\lambda}{\partial x'^\nu}\left(\partial_\eta A_\lambda + C^\rho_{\eta\lambda} A_\rho\right) \quad (130)$$

式 (129) 式 (130) が等しいと置くと、

$$\frac{\partial^2 x^\lambda}{\partial x'^\mu \partial x'^\nu} A_\lambda + \frac{\partial x^\eta}{\partial x'^\mu}\frac{\partial x^\lambda}{\partial x'^\nu} \partial_\eta A_\lambda + C'^\lambda_{\mu\nu}\frac{\partial x^\eta}{\partial x'^\lambda} A_\eta = \frac{\partial x^\eta}{\partial x'^\mu}\frac{\partial x^\lambda}{\partial x'^\nu}\left(\partial_\eta A_\lambda + C^\rho_{\eta\lambda} A_\rho\right)$$

従って、

$$C'^\lambda_{\mu\nu}\frac{\partial x^\eta}{\partial x'^\lambda} A_\eta = \frac{\partial x^\eta}{\partial x'^\mu}\frac{\partial x^\lambda}{\partial x'^\nu} C^\rho_{\eta\lambda} A_\rho - \frac{\partial^2 x^\lambda}{\partial x'^\mu \partial x'^\nu} A_\lambda$$

A_λ の和を取る添字を全て ρ に変えてやると、

$$C'^\lambda_{\mu\nu}\frac{\partial x^\rho}{\partial x'^\lambda} A_\rho = \frac{\partial x^\eta}{\partial x'^\mu}\frac{\partial x^\lambda}{\partial x'^\nu} C^\rho_{\eta\lambda} A_\rho - \frac{\partial^2 x^\rho}{\partial x'^\mu \partial x'^\nu} A_\rho$$

従って、

$$C'^\lambda_{\mu\nu}\frac{\partial x^\rho}{\partial x'^\lambda} = \frac{\partial x^\eta}{\partial x'^\mu}\frac{\partial x^\lambda}{\partial x'^\nu} C^\rho_{\eta\lambda} - \frac{\partial^2 x^\rho}{\partial x'^\mu \partial x'^\nu}$$

両辺に $\frac{\partial x'^\zeta}{\partial x^\rho}$ を掛けて ρ で和を取ると、

$$\begin{aligned}
C'^\lambda_{\mu\nu}\frac{\partial x^\rho}{\partial x'^\lambda}\frac{\partial x'^\zeta}{\partial x^\rho} &= \frac{\partial x^\eta}{\partial x'^\mu}\frac{\partial x^\lambda}{\partial x'^\nu} C^\rho_{\eta\lambda}\frac{\partial x'^\zeta}{\partial x^\rho} - \frac{\partial^2 x^\rho}{\partial x'^\mu \partial x'^\nu}\frac{\partial x'^\zeta}{\partial x^\rho} \\
\therefore C'^\lambda_{\mu\nu} \delta^\zeta_\lambda &= \frac{\partial x^\eta}{\partial x'^\mu}\frac{\partial x^\lambda}{\partial x'^\nu}\frac{\partial x'^\zeta}{\partial x^\rho} C^\rho_{\eta\lambda} - \frac{\partial^2 x^\rho}{\partial x'^\mu \partial x'^\nu}\frac{\partial x'^\zeta}{\partial x^\rho} \\
\therefore C'^\zeta_{\mu\nu} &= \frac{\partial x^\eta}{\partial x'^\mu}\frac{\partial x^\lambda}{\partial x'^\nu}\frac{\partial x'^\zeta}{\partial x^\rho} C^\rho_{\eta\lambda} - \frac{\partial^2 x^\rho}{\partial x'^\mu \partial x'^\nu}\frac{\partial x'^\zeta}{\partial x^\rho}
\end{aligned} \quad (131)$$

このように変換する $C^\rho_{\eta\lambda}$ があれば、式 (130) を満たすことができる。それにはどういうものが考えられるのか、次に調べてみよう。ベクトルの微分を考えたときに余分な項が生

じてきたように、2階のテンソルを微分すれば、同じように余分な項が出てくる。それを
うまく組み合わせて $C^\rho_{\eta\lambda}$ が出来ないかを考える。2階のテンソル $D_{\nu\rho}$ の微分 $\partial_\mu D_{\nu\rho}$ の
座標変換式は以下のとおりである。

$$\begin{aligned}
\partial'_\mu D'_{\nu\rho} &= \frac{\partial}{\partial x'^\mu}\left(\frac{\partial x^\lambda}{\partial x'^\nu}\frac{\partial x^\eta}{\partial x'^\rho}D_{\lambda\eta}\right) \\
&= \left(\frac{\partial^2 x^\lambda}{\partial x'^\mu \partial x'^\nu}\right)\frac{\partial x^\eta}{\partial x'^\rho}D_{\lambda\eta} + \frac{\partial x^\lambda}{\partial x'^\nu}\left(\frac{\partial^2 x^\eta}{\partial x'^\mu \partial x'^\rho}\right)D_{\lambda\eta} + \frac{\partial x^\lambda}{\partial x'^\nu}\frac{\partial x^\eta}{\partial x'^\rho}\left(\frac{\partial D_{\lambda\eta}}{\partial x'^\mu}\right)
\end{aligned} \quad (132)$$

式 (132) の添字 μ、ν、ρ を順繰りに入れ替えた式を作ると、次の2つの式が出来る。

$$\partial'_\nu D'_{\rho\mu} = \left(\frac{\partial^2 x^\lambda}{\partial x'^\nu \partial x'^\rho}\right)\frac{\partial x^\eta}{\partial x'^\mu}D_{\lambda\eta} + \frac{\partial x^\lambda}{\partial x'^\rho}\left(\frac{\partial^2 x^\eta}{\partial x'^\nu \partial x'^\mu}\right)D_{\lambda\eta} + \frac{\partial x^\lambda}{\partial x'^\rho}\frac{\partial x^\eta}{\partial x'^\mu}\left(\frac{\partial D_{\lambda\eta}}{\partial x'^\nu}\right) \quad (133)$$

$$\partial'_\rho D'_{\mu\nu} = \left(\frac{\partial^2 x^\lambda}{\partial x'^\rho \partial x'^\mu}\right)\frac{\partial x^\eta}{\partial x'^\nu}D_{\lambda\eta} + \frac{\partial x^\lambda}{\partial x'^\mu}\left(\frac{\partial^2 x^\eta}{\partial x'^\rho \partial x'^\nu}\right)D_{\lambda\eta} + \frac{\partial x^\lambda}{\partial x'^\mu}\frac{\partial x^\eta}{\partial x'^\nu}\left(\frac{\partial D_{\lambda\eta}}{\partial x'^\rho}\right) \quad (134)$$

(133) と (134) を足し合わせ、(132) を引いたものを考える。

$$\begin{aligned}
&\partial'_\nu D'_{\rho\mu} + \partial'_\rho D'_{\mu\nu} - \partial'_\mu D'_{\nu\rho} \\
&= \left(\frac{\partial^2 x^\lambda}{\partial x'^\nu \partial x'^\rho}\right)\frac{\partial x^\eta}{\partial x'^\mu}D_{\lambda\eta} + \frac{\partial x^\lambda}{\partial x'^\rho}\left(\frac{\partial^2 x^\eta}{\partial x'^\nu \partial x'^\mu}\right)D_{\lambda\eta} + \frac{\partial x^\lambda}{\partial x'^\rho}\frac{\partial x^\eta}{\partial x'^\mu}\left(\frac{\partial D_{\lambda\eta}}{\partial x'^\nu}\right) \\
&+ \left(\frac{\partial^2 x^\lambda}{\partial x'^\rho \partial x'^\mu}\right)\frac{\partial x^\eta}{\partial x'^\nu}D_{\lambda\eta} + \frac{\partial x^\lambda}{\partial x'^\mu}\left(\frac{\partial^2 x^\eta}{\partial x'^\rho \partial x'^\nu}\right)D_{\lambda\eta} + \frac{\partial x^\lambda}{\partial x'^\mu}\frac{\partial x^\eta}{\partial x'^\nu}\left(\frac{\partial D_{\lambda\eta}}{\partial x'^\rho}\right) \\
&- \left(\frac{\partial^2 x^\lambda}{\partial x'^\mu \partial x'^\nu}\right)\frac{\partial x^\eta}{\partial x'^\rho}D_{\lambda\eta} - \frac{\partial x^\lambda}{\partial x'^\nu}\left(\frac{\partial^2 x^\eta}{\partial x'^\mu \partial x'^\rho}\right)D_{\lambda\eta} - \frac{\partial x^\lambda}{\partial x'^\nu}\frac{\partial x^\eta}{\partial x'^\rho}\left(\frac{\partial D_{\lambda\eta}}{\partial x'^\mu}\right)
\end{aligned}$$

第5項と第7項、第8項の λ と η を入れ替えると、

$$\begin{aligned}
&= \left(\frac{\partial^2 x^\lambda}{\partial x'^\nu \partial x'^\rho}\right)\frac{\partial x^\eta}{\partial x'^\mu}D_{\lambda\eta} + \frac{\partial x^\lambda}{\partial x'^\rho}\left(\frac{\partial^2 x^\eta}{\partial x'^\nu \partial x'^\mu}\right)D_{\lambda\eta} + \frac{\partial x^\lambda}{\partial x'^\rho}\frac{\partial x^\eta}{\partial x'^\mu}\left(\frac{\partial D_{\lambda\eta}}{\partial x'^\nu}\right) \\
&+ \left(\frac{\partial^2 x^\lambda}{\partial x'^\rho \partial x'^\mu}\right)\frac{\partial x^\eta}{\partial x'^\nu}D_{\lambda\eta} + \frac{\partial x^\lambda}{\partial x'^\mu}\left(\frac{\partial^2 x^\lambda}{\partial x'^\rho \partial x'^\nu}\right)D_{\eta\lambda} + \frac{\partial x^\lambda}{\partial x'^\mu}\frac{\partial x^\eta}{\partial x'^\nu}\left(\frac{\partial D_{\lambda\eta}}{\partial x'^\rho}\right) \\
&- \left(\frac{\partial^2 x^\eta}{\partial x'^\mu \partial x'^\nu}\right)\frac{\partial x^\lambda}{\partial x'^\rho}D_{\eta\lambda} - \frac{\partial x^\eta}{\partial x'^\nu}\left(\frac{\partial^2 x^\lambda}{\partial x'^\mu \partial x'^\rho}\right)D_{\eta\lambda} - \frac{\partial x^\lambda}{\partial x'^\nu}\frac{\partial x^\eta}{\partial x'^\rho}\left(\frac{\partial D_{\lambda\eta}}{\partial x'^\mu}\right) \\
&= \left(\frac{\partial^2 x^\lambda}{\partial x'^\nu \partial x'^\rho}\right)\frac{\partial x^\eta}{\partial x'^\mu}(D_{\lambda\eta} + D_{\eta\lambda}) + \frac{\partial x^\lambda}{\partial x'^\rho}\left(\frac{\partial^2 x^\eta}{\partial x'^\nu \partial x'^\mu}\right)(D_{\lambda\eta} - D_{\eta\lambda}) \\
&+ \left(\frac{\partial^2 x^\lambda}{\partial x'^\rho \partial x'^\mu}\right)\frac{\partial x^\eta}{\partial x'^\nu}(D_{\lambda\eta} - D_{\eta\lambda}) \\
&+ \left[\frac{\partial x^\lambda}{\partial x'^\rho}\frac{\partial x^\eta}{\partial x'^\mu}\frac{\partial D_{\lambda\eta}}{\partial x'^\nu} + \frac{\partial x^\lambda}{\partial x'^\mu}\frac{\partial x^\eta}{\partial x'^\nu}\frac{\partial D_{\lambda\eta}}{\partial x'^\rho} - \frac{\partial x^\lambda}{\partial x'^\nu}\frac{\partial x^\eta}{\partial x'^\rho}\frac{\partial D_{\lambda\eta}}{\partial x'^\mu}\right]
\end{aligned} \quad (135)$$

ここで、$D_{\lambda\eta}$ は対称テンソルだと仮定しよう。そうすると式 (135) は、

$$\begin{aligned}
&\partial'_\nu D'_{\rho\mu} + \partial'_\rho D'_{\mu\nu} - \partial'_\mu D'_{\nu\rho} \\
&= 2\left(\frac{\partial^2 x^\lambda}{\partial x'^\nu \partial x'^\rho}\right)\frac{\partial x^\eta}{\partial x'^\mu}D_{\lambda\eta}
\end{aligned}$$

$$+\left[\frac{\partial x^\lambda}{\partial x'^\rho}\frac{\partial x^\eta}{\partial x'^\mu}\frac{\partial D_{\lambda\eta}}{\partial x'^\nu}+\frac{\partial x^\lambda}{\partial x'^\mu}\frac{\partial x^\eta}{\partial x'^\nu}\frac{\partial D_{\lambda\eta}}{\partial x'^\rho}-\frac{\partial x^\lambda}{\partial x'^\nu}\frac{\partial x^\eta}{\partial x'^\rho}\frac{\partial D_{\lambda\eta}}{\partial x'^\mu}\right] \quad (136)$$

となる。ここから $C^\rho_{\eta\lambda}$ を作るためには、添字を 1 つ上げなければならないので、式 (136) の両辺に $g'^{\alpha\mu}$ を掛けて μ で和を取る。

$$g'^{\alpha\mu}\left(\partial'_\nu D'_{\rho\mu}+\partial'_\rho D'_{\mu\nu}-\partial'_\mu D'_{\nu\rho}\right)$$
$$=2g'^{\alpha\mu}\left(\frac{\partial^2 x^\lambda}{\partial x'^\nu \partial x'^\rho}\right)\frac{\partial x^\eta}{\partial x'^\mu}D_{\lambda\eta}$$
$$+g'^{\alpha\mu}\left[\frac{\partial x^\lambda}{\partial x'^\rho}\frac{\partial x^\eta}{\partial x'^\mu}\frac{\partial D_{\lambda\eta}}{\partial x'^\nu}+\frac{\partial x^\lambda}{\partial x'^\mu}\frac{\partial x^\eta}{\partial x'^\nu}\frac{\partial D_{\lambda\eta}}{\partial x'^\rho}-\frac{\partial x^\lambda}{\partial x'^\nu}\frac{\partial x^\eta}{\partial x'^\rho}\frac{\partial D_{\lambda\eta}}{\partial x'^\mu}\right] \quad (137)$$

右辺第 1 項は、

$$\text{右辺第 1 項}=2g'^{\alpha\mu}\left(\frac{\partial^2 x^\lambda}{\partial x'^\nu \partial x'^\rho}\right)\frac{\partial x^\eta}{\partial x'^\mu}D_{\lambda\eta}=2\frac{\partial x'^\alpha}{\partial x^\zeta}\frac{\partial x'^\mu}{\partial x^\xi}g^{\zeta\xi}\left(\frac{\partial^2 x^\lambda}{\partial x'^\nu \partial x'^\rho}\right)\frac{\partial x^\eta}{\partial x'^\mu}D_{\lambda\eta}$$
$$=2\frac{\partial x'^\alpha}{\partial x^\zeta}\delta^\eta_\xi g^{\zeta\xi}\left(\frac{\partial^2 x^\lambda}{\partial x'^\nu \partial x'^\rho}\right)D_{\lambda\eta}=2\frac{\partial x'^\alpha}{\partial x^\zeta}g^{\zeta\eta}\left(\frac{\partial^2 x^\lambda}{\partial x'^\nu \partial x'^\rho}\right)D_{\lambda\eta} \quad (138)$$

右辺第 2 項は、

$$g'^{\alpha\mu}\left[\frac{\partial x^\lambda}{\partial x'^\rho}\frac{\partial x^\eta}{\partial x'^\mu}\frac{\partial D_{\lambda\eta}}{\partial x'^\nu}+\frac{\partial x^\lambda}{\partial x'^\mu}\frac{\partial x^\eta}{\partial x'^\nu}\frac{\partial D_{\lambda\eta}}{\partial x'^\rho}-\frac{\partial x^\lambda}{\partial x'^\nu}\frac{\partial x^\eta}{\partial x'^\rho}\frac{\partial D_{\lambda\eta}}{\partial x'^\mu}\right]$$
$$=\frac{\partial x'^\alpha}{\partial x^\zeta}\frac{\partial x'^\mu}{\partial x^\xi}g^{\zeta\xi}\left[\frac{\partial x^\lambda}{\partial x'^\rho}\frac{\partial x^\eta}{\partial x'^\mu}\frac{\partial D_{\lambda\eta}}{\partial x'^\nu}+\frac{\partial x^\lambda}{\partial x'^\mu}\frac{\partial x^\eta}{\partial x'^\nu}\frac{\partial D_{\lambda\eta}}{\partial x'^\rho}-\frac{\partial x^\lambda}{\partial x'^\nu}\frac{\partial x^\eta}{\partial x'^\rho}\frac{\partial D_{\lambda\eta}}{\partial x'^\mu}\right]$$
$$=\frac{\partial x'^\alpha}{\partial x^\zeta}\frac{\partial x'^\mu}{\partial x^\xi}g^{\zeta\xi}\frac{\partial x^\lambda}{\partial x'^\rho}\frac{\partial x^\eta}{\partial x'^\mu}\frac{\partial x^\sigma}{\partial x'^\nu}\frac{\partial D_{\lambda\eta}}{\partial x^\sigma}+\frac{\partial x'^\alpha}{\partial x^\zeta}\frac{\partial x'^\mu}{\partial x^\xi}g^{\zeta\xi}\frac{\partial x^\lambda}{\partial x'^\mu}\frac{\partial x^\eta}{\partial x'^\nu}\frac{\partial x^\sigma}{\partial x'^\rho}\frac{\partial D_{\lambda\eta}}{\partial x^\sigma}$$
$$-\frac{\partial x'^\alpha}{\partial x^\zeta}\frac{\partial x'^\mu}{\partial x^\xi}g^{\zeta\xi}\frac{\partial x^\lambda}{\partial x'^\nu}\frac{\partial x^\eta}{\partial x'^\rho}\frac{\partial x^\sigma}{\partial x'^\mu}\frac{\partial D_{\lambda\eta}}{\partial x^\sigma}$$
$$=\frac{\partial x'^\alpha}{\partial x^\zeta}\delta^\eta_\xi g^{\zeta\xi}\frac{\partial x^\lambda}{\partial x'^\rho}\frac{\partial x^\sigma}{\partial x'^\nu}\frac{\partial D_{\lambda\eta}}{\partial x^\sigma}+\frac{\partial x'^\alpha}{\partial x^\zeta}\delta^\lambda_\xi g^{\zeta\xi}\frac{\partial x^\eta}{\partial x'^\nu}\frac{\partial x^\sigma}{\partial x'^\rho}\frac{\partial D_{\lambda\eta}}{\partial x^\sigma}$$
$$-\frac{\partial x'^\alpha}{\partial x^\zeta}\delta^\sigma_\xi g^{\zeta\xi}\frac{\partial x^\lambda}{\partial x'^\nu}\frac{\partial x^\eta}{\partial x'^\rho}\frac{\partial D_{\lambda\eta}}{\partial x^\sigma}$$
$$=\frac{\partial x'^\alpha}{\partial x^\zeta}g^{\zeta\eta}\frac{\partial x^\lambda}{\partial x'^\rho}\frac{\partial x^\sigma}{\partial x'^\nu}\frac{\partial D_{\lambda\eta}}{\partial x^\sigma}+\frac{\partial x'^\alpha}{\partial x^\zeta}g^{\zeta\lambda}\frac{\partial x^\eta}{\partial x'^\nu}\frac{\partial x^\sigma}{\partial x'^\rho}\frac{\partial D_{\lambda\eta}}{\partial x^\sigma}$$
$$-\frac{\partial x'^\alpha}{\partial x^\zeta}g^{\zeta\sigma}\frac{\partial x^\lambda}{\partial x'^\nu}\frac{\partial x^\eta}{\partial x'^\rho}\frac{\partial D_{\lambda\eta}}{\partial x^\sigma}$$

上記の第 2 項で $\sigma\to\lambda,\ \eta\to\sigma,\ \lambda\to\eta$ に替え、第 3 項で $\eta\to\lambda,\ \lambda\to\sigma,\ \sigma\to\eta$ に替えると、

$$=\frac{\partial x'^\alpha}{\partial x^\zeta}g^{\zeta\eta}\frac{\partial x^\sigma}{\partial x'^\nu}\frac{\partial x^\lambda}{\partial x'^\rho}\frac{\partial D_{\lambda\eta}}{\partial x^\sigma}+\frac{\partial x'^\alpha}{\partial x^\zeta}g^{\zeta\eta}\frac{\partial x^\sigma}{\partial x'^\nu}\frac{\partial x^\lambda}{\partial x'^\rho}\frac{\partial D_{\eta\sigma}}{\partial x^\lambda}$$
$$-\frac{\partial x'^\alpha}{\partial x^\zeta}g^{\zeta\eta}\frac{\partial x^\sigma}{\partial x'^\nu}\frac{\partial x^\lambda}{\partial x'^\rho}\frac{\partial D_{\sigma\lambda}}{\partial x^\eta}$$
$$=\frac{\partial x'^\alpha}{\partial x^\zeta}g^{\zeta\eta}\frac{\partial x^\sigma}{\partial x'^\nu}\frac{\partial x^\lambda}{\partial x'^\rho}\left(\frac{\partial D_{\lambda\eta}}{\partial x^\sigma}+\frac{\partial D_{\eta\sigma}}{\partial x^\lambda}-\frac{\partial D_{\sigma\lambda}}{\partial x^\eta}\right)$$
$$=\frac{\partial x'^\alpha}{\partial x^\zeta}\frac{\partial x^\sigma}{\partial x'^\nu}\frac{\partial x^\lambda}{\partial x'^\rho}g^{\zeta\eta}\left(\partial_\sigma D_{\lambda\eta}+\partial_\lambda D_{\eta\sigma}-\partial_\eta D_{\sigma\lambda}\right)$$

従って、

$$g'^{\alpha\mu}\left(\partial'_\nu D'_{\rho\mu}+\partial'_\rho D'_{\mu\nu}-\partial'_\mu D'_{\nu\rho}\right)$$
$$=\frac{\partial x'^\alpha}{\partial x^\zeta}\frac{\partial x^\sigma}{\partial x'^\nu}\frac{\partial x^\lambda}{\partial x'^\rho}g^{\zeta\eta}\left(\partial_\sigma D_{\lambda\eta}+\partial_\lambda D_{\eta\sigma}-\partial_\eta D_{\sigma\lambda}\right)+2\frac{\partial x'^\alpha}{\partial x^\zeta}g^{\zeta\eta}\left(\frac{\partial^2 x^\lambda}{\partial x'^\nu \partial x'^\rho}\right)D_{\lambda\eta} \quad (139)$$

先に $D_{\lambda\eta}$ は対称テンソルと仮定したが、さらに $D_{\lambda\eta}$ を計量テンソル $g_{\lambda\eta}$ と仮定しよう。そうすると式 (139) の第 2 項は、

$$2\frac{\partial x'^\alpha}{\partial x^\zeta}g^{\zeta\eta}\left(\frac{\partial^2 x^\lambda}{\partial x'^\nu \partial x'^\rho}\right)g_{\lambda\eta}=2\frac{\partial x'^\alpha}{\partial x^\zeta}\delta^\zeta_\lambda\left(\frac{\partial^2 x^\lambda}{\partial x'^\nu \partial x'^\rho}\right)=2\frac{\partial x'^\alpha}{\partial x^\lambda}\left(\frac{\partial^2 x^\lambda}{\partial x'^\nu \partial x'^\rho}\right) \quad (140)$$

従って式 (139) は、次のようになる。

$$g'^{\alpha\mu}\left(\partial'_\nu g'_{\rho\mu}+\partial'_\rho g'_{\mu\nu}-\partial'_\mu g'_{\nu\rho}\right)$$
$$=\frac{\partial x'^\alpha}{\partial x^\zeta}\frac{\partial x^\sigma}{\partial x'^\nu}\frac{\partial x^\lambda}{\partial x'^\rho}g^{\zeta\eta}\left(\partial_\sigma g_{\lambda\eta}+\partial_\lambda g_{\eta\sigma}-\partial_\eta g_{\sigma\lambda}\right)+2\frac{\partial x'^\alpha}{\partial x^\lambda}\left(\frac{\partial^2 x^\lambda}{\partial x'^\nu \partial x'^\rho}\right) \quad (141)$$

式 (141) は、式 (131) と似たような形の変換式になっているが、比較をより分かりやすくするために、添字をそろえて、さらに微分係数の順番も入れ替えてみる。左辺は、$\alpha \to \zeta$, $\rho \to \mu$, $\mu \to \sigma$、右辺第 1 項は、$\alpha \to \zeta$, $\rho \to \mu$, $\zeta \to \rho$, $\sigma \to \lambda$, $\lambda \to \eta$, $\eta \to \sigma$、第 2 項は、$\alpha \to \zeta$, $\rho \to \mu$, $\lambda \to \rho$ とすると、

$$g'^{\zeta\sigma}\left(\partial'_\nu g'_{\mu\sigma}+\partial'_\mu g'_{\sigma\nu}-\partial'_\sigma g'_{\nu\mu}\right)$$
$$=\frac{\partial x^\eta}{\partial x'^\mu}\frac{\partial x^\lambda}{\partial x'^\nu}\frac{\partial x'^\zeta}{\partial x^\rho}g^{\rho\sigma}\left(\partial_\lambda g_{\eta\sigma}+\partial_\eta g_{\sigma\lambda}-\partial_\sigma g_{\lambda\eta}\right)+2\left(\frac{\partial^2 x^\rho}{\partial x'^\mu \partial x'^\nu}\right)\frac{\partial x'^\zeta}{\partial x^\rho} \quad (142)$$

となる。これは下記に示す式 (131) とよく似ているが、第 2 項の符号及び係数が違う。

$$C'^\zeta_{\mu\nu}=\frac{\partial x^\eta}{\partial x'^\mu}\frac{\partial x^\lambda}{\partial x'^\nu}\frac{\partial x'^\zeta}{\partial x^\rho}C^\rho_{\eta\lambda}-\frac{\partial^2 x^\rho}{\partial x'^\mu \partial x'^\nu}\frac{\partial x'^\zeta}{\partial x^\rho} \quad (131)$$

しかしこれは、$C^\rho_{\eta\lambda}$ を次のように置けばよい。

$$-2C^\rho_{\eta\lambda}=g^{\rho\sigma}\left(\partial_\lambda g_{\eta\sigma}+\partial_\eta g_{\sigma\lambda}-\partial_\sigma g_{\lambda\eta}\right) \quad (143)$$

これを式 (142) に入れると、

$$-2C'^\zeta_{\mu\nu}=\frac{\partial x^\eta}{\partial x'^\mu}\frac{\partial x^\lambda}{\partial x'^\nu}\frac{\partial x'^\zeta}{\partial x^\rho}\left(-2C^\rho_{\eta\lambda}\right)+2\left(\frac{\partial^2 x^\rho}{\partial x'^\mu \partial x'^\nu}\right)\frac{\partial x'^\zeta}{\partial x^\rho}$$

これから、

$$C'^\zeta_{\mu\nu}=\frac{\partial x^\eta}{\partial x'^\mu}\frac{\partial x^\lambda}{\partial x'^\nu}\frac{\partial x'^\zeta}{\partial x^\rho}C^\rho_{\eta\lambda}-\left(\frac{\partial^2 x^\rho}{\partial x'^\mu \partial x'^\nu}\right)\frac{\partial x'^\zeta}{\partial x^\rho}$$

となり、式 (131) と一致する。

式 (143) の右辺を $2\Gamma^\rho_{\eta\lambda}$ と置くと、

$$\Gamma^\rho_{\eta\lambda}=\frac{1}{2}g^{\rho\sigma}\left(\partial_\lambda g_{\eta\sigma}+\partial_\eta g_{\sigma\lambda}-\partial_\sigma g_{\lambda\eta}\right) \quad (144)$$

$C^\rho_{\eta\lambda}$ は、$C^\rho_{\eta\lambda}=-\Gamma^\rho_{\eta\lambda}$ となり、式 (130) は、

$$\partial'_\mu A'_\nu-\Gamma'^\lambda_{\mu\nu}A'_\lambda=\frac{\partial x^\eta}{\partial x'^\mu}\frac{\partial x^\lambda}{\partial x'^\nu}\left(\partial_\eta A_\lambda-\Gamma^\rho_{\eta\lambda}A_\rho\right) \quad (145)$$

となる。このような式が成り立つ時、$\partial_\eta A_\lambda - \Gamma^\rho_{\eta\lambda} A_\rho$ を A_λ の共変微分という。ここでは共変微分を次の記号で表すことにする。

$$\nabla_\eta A_\lambda = \partial_\eta A_\lambda - \Gamma^\rho_{\eta\lambda} A_\rho \tag{146}$$

式 (144) から分かるように、$\Gamma^\rho_{\eta\lambda}$ は下付きの添字 η, λ について対称である。また、$\Gamma^\rho_{\eta\lambda}$ の変換式は、

$$\Gamma'^\zeta_{\mu\nu} = \frac{\partial x^\eta}{\partial x'^\mu}\frac{\partial x^\lambda}{\partial x'^\nu}\frac{\partial x'^\zeta}{\partial x^\rho}\Gamma^\rho_{\eta\lambda} + \left(\frac{\partial^2 x^\rho}{\partial x'^\mu \partial x'^\nu}\right)\frac{\partial x'^\zeta}{\partial x^\rho} \tag{147}$$

となる。

次に、上付きベクトルの共変微分を調べてみよう。今度は、$\partial_\mu A^\nu + B^\nu_{\mu\lambda} A^\lambda$ という形を考える。これに対する変換性は、

$$\partial'_\mu A'^\nu + B'^\nu_{\mu\lambda} A'^\lambda = \frac{\partial^2 x'^\nu}{\partial x'^\mu \partial x^\sigma} A^\sigma + \frac{\partial x^\eta}{\partial x'^\mu}\frac{\partial x'^\nu}{\partial x^\sigma}\partial_\eta A^\sigma + B'^\nu_{\mu\lambda}\frac{\partial x'^\lambda}{\partial x^\sigma} A^\sigma \tag{148}$$

一方、$\partial_\mu A^\nu + B^\nu_{\mu\lambda} A^\lambda$ がテンソルとして変換するならば、次のようにならなければならない。

$$\partial'_\mu A'^\nu + B'^\nu_{\mu\lambda} A'^\lambda = \frac{\partial x^\eta}{\partial x'^\mu}\frac{\partial x'^\nu}{\partial x^\sigma}\left(\partial_\eta A^\sigma + B^\sigma_{\eta\lambda} A^\lambda\right) \tag{149}$$

式 (148)、式 (149) が等しいと置くと、

$$B'^\nu_{\mu\lambda}\frac{\partial x'^\lambda}{\partial x^\sigma} A^\sigma = \frac{\partial x^\eta}{\partial x'^\mu}\frac{\partial x'^\nu}{\partial x^\sigma} B^\sigma_{\eta\lambda} A^\lambda - \frac{\partial^2 x'^\nu}{\partial x'^\mu \partial x^\sigma} A^\sigma \tag{150}$$

第 1 項の添字を変えて、

$$B'^\nu_{\mu\lambda}\frac{\partial x'^\lambda}{\partial x^\sigma} A^\sigma = \frac{\partial x^\eta}{\partial x'^\mu}\frac{\partial x'^\nu}{\partial x^\zeta} B^\zeta_{\eta\sigma} A^\sigma - \frac{\partial^2 x'^\nu}{\partial x'^\mu \partial x^\sigma} A^\sigma$$

従って、

$$B'^\nu_{\mu\lambda}\frac{\partial x'^\lambda}{\partial x^\sigma} = \frac{\partial x^\eta}{\partial x'^\mu}\frac{\partial x'^\nu}{\partial x^\zeta} B^\zeta_{\eta\sigma} - \frac{\partial^2 x'^\nu}{\partial x'^\mu \partial x^\sigma}$$

両辺に $\dfrac{\partial x^\sigma}{\partial x'^\rho}$ を掛けて σ で和を取ると、

$$B'^\nu_{\mu\lambda}\frac{\partial x'^\lambda}{\partial x^\sigma}\frac{\partial x^\sigma}{\partial x'^\rho} = \frac{\partial x^\eta}{\partial x'^\mu}\frac{\partial x'^\nu}{\partial x^\zeta}\frac{\partial x^\sigma}{\partial x'^\rho} B^\zeta_{\eta\sigma} - \frac{\partial^2 x'^\nu}{\partial x'^\mu \partial x^\sigma}\frac{\partial x^\sigma}{\partial x'^\rho}$$

これから、

$$B'^\nu_{\mu\lambda}\delta^\lambda_\rho = \frac{\partial x^\eta}{\partial x'^\mu}\frac{\partial x^\sigma}{\partial x'^\rho}\frac{\partial x'^\nu}{\partial x^\zeta} B^\zeta_{\eta\sigma} - \frac{\partial^2 x'^\nu}{\partial x'^\mu \partial x^\sigma}\frac{\partial x^\sigma}{\partial x'^\rho} \tag{151}$$

ここで、次の関係式を使う。

$\dfrac{\partial x'^\nu}{\partial x^\sigma}\dfrac{\partial x^\sigma}{\partial x'^\rho} = \delta^\nu_\rho$ の両辺を x'^μ で微分すると、$\dfrac{\partial}{\partial x'^\mu}\left(\dfrac{\partial x'^\nu}{\partial x^\sigma}\dfrac{\partial x^\sigma}{\partial x'^\rho}\right) = 0$ なので、

$$\frac{\partial^2 x'^\nu}{\partial x'^\mu \partial x^\sigma}\frac{\partial x^\sigma}{\partial x'^\rho} + \frac{\partial x'^\nu}{\partial x^\sigma}\frac{\partial^2 x^\sigma}{\partial x'^\mu \partial x'^\rho} = 0$$

$$\therefore \frac{\partial^2 x'^\nu}{\partial x'^\mu \partial x^\sigma}\frac{\partial x^\sigma}{\partial x'^\rho} = -\frac{\partial x'^\nu}{\partial x^\sigma}\frac{\partial^2 x^\sigma}{\partial x'^\mu \partial x'^\rho}$$

これを式 (151) に使うと、
$$B'^\nu_{\mu\rho} = \frac{\partial x^\eta}{\partial x'^\mu}\frac{\partial x^\sigma}{\partial x'^\rho}\frac{\partial x'^\nu}{\partial x^\zeta}B^\zeta_{\eta\sigma} + \frac{\partial x'^\nu}{\partial x^\sigma}\frac{\partial^2 x^\sigma}{\partial x'^\mu \partial x'^\rho} \tag{152}$$

これを式 (131) の $C^\rho_{\eta\lambda}$ と比較する。分かりやすいように添字を合わせると、
$$B'^\zeta_{\mu\nu} = \frac{\partial x^\eta}{\partial x'^\mu}\frac{\partial x^\lambda}{\partial x'^\nu}\frac{\partial x'^\zeta}{\partial x^\rho}B^\rho_{\eta\lambda} + \frac{\partial^2 x^\rho}{\partial x'^\mu \partial x'^\nu}\frac{\partial x'^\zeta}{\partial x^\rho} \tag{153}$$

であり、$C^\rho_{\eta\lambda}$ は以下のように変換するから、
$$C'^\zeta_{\mu\nu} = \frac{\partial x^\eta}{\partial x'^\mu}\frac{\partial x^\lambda}{\partial x'^\nu}\frac{\partial x'^\zeta}{\partial x^\rho}C^\rho_{\eta\lambda} - \frac{\partial^2 x^\rho}{\partial x'^\mu \partial x'^\nu}\frac{\partial x'^\zeta}{\partial x^\rho} \tag{131}$$

第 2 項の符号だけが異なる。これは、$B^\rho_{\eta\lambda} = -C^\rho_{\eta\lambda}$ であることを示している。$C^\rho_{\eta\lambda} = -\Gamma^\rho_{\eta\lambda}$ であったから、$B^\rho_{\eta\lambda}$ は、$B^\rho_{\eta\lambda} = \Gamma^\rho_{\eta\lambda}$ となる。従って、上付きベクトルの共変微分は、$\partial_\mu A^\nu + \Gamma^\nu_{\mu\lambda}A^\lambda$ となる。式 (146) のように書けば、
$$\nabla_\mu A^\nu = \partial_\mu A^\nu + \Gamma^\nu_{\mu\lambda}A^\lambda \tag{154}$$

となる。

次に、計量テンソルを使った添字の上げ下げがどうなるかを調べる。$A_\lambda = g_{\lambda\nu}A^\nu$ を使って、
$$\begin{aligned}
\nabla_\eta A_\lambda &= \nabla_\eta\left(g_{\lambda\nu}A^\nu\right) = \partial_\eta\left(g_{\lambda\nu}A^\nu\right) - \Gamma^\rho_{\eta\lambda}\left(g_{\rho\nu}A^\nu\right) \\
&= (\partial_\eta g_{\lambda\nu})A^\nu + g_{\lambda\nu}(\partial_\eta A^\nu) - \frac{1}{2}g^{\rho\sigma}\left(\partial_\lambda g_{\eta\sigma} + \partial_\eta g_{\sigma\lambda} - \partial_\sigma g_{\lambda\eta}\right)(g_{\rho\nu}A^\nu) \\
&= (\partial_\eta g_{\lambda\nu})A^\nu + g_{\lambda\nu}(\partial_\eta A^\nu) - \frac{1}{2}\delta^\sigma_\nu\left(\partial_\lambda g_{\eta\sigma} + \partial_\eta g_{\sigma\lambda} - \partial_\sigma g_{\lambda\eta}\right)A^\nu \\
&= (\partial_\eta g_{\lambda\nu})A^\nu + g_{\lambda\nu}(\partial_\eta A^\nu) - \frac{1}{2}\left(\partial_\lambda g_{\eta\nu} + \partial_\eta g_{\nu\lambda} - \partial_\nu g_{\lambda\eta}\right)A^\nu \\
&= g_{\lambda\nu}(\partial_\eta A^\nu) - \frac{1}{2}\left(\partial_\lambda g_{\eta\nu} - \partial_\eta g_{\nu\lambda} - \partial_\nu g_{\lambda\eta}\right)A^\nu \\
&= g_{\lambda\nu}(\partial_\eta A^\nu) + \frac{1}{2}\left(-\partial_\lambda g_{\eta\nu} + \partial_\eta g_{\nu\lambda} + \partial_\nu g_{\lambda\eta}\right)A^\nu \\
&= g_{\lambda\nu}(\partial_\eta A^\nu) + \frac{1}{2}\left(\partial_\eta g_{\nu\lambda} + \partial_\nu g_{\lambda\eta} - \partial_\lambda g_{\eta\nu}\right)A^\nu
\end{aligned}$$

両辺に $g^{\rho\lambda}$ を掛けて、λ で和を取ると、
$$\begin{aligned}
g^{\rho\lambda}\nabla_\eta A_\lambda &= g^{\rho\lambda}g_{\lambda\nu}(\partial_\eta A^\nu) + \frac{1}{2}g^{\rho\lambda}\left(\partial_\eta g_{\nu\lambda} + \partial_\nu g_{\lambda\eta} - \partial_\lambda g_{\eta\nu}\right)A^\nu \\
&= \partial_\eta A^\rho + \frac{1}{2}g^{\rho\lambda}\left(\partial_\eta g_{\nu\lambda} + \partial_\nu g_{\lambda\eta} - \partial_\lambda g_{\eta\nu}\right)A^\nu \\
&= \partial_\eta A^\rho + \Gamma^\rho_{\eta\nu}A^\nu \\
&= \nabla_\eta A^\rho
\end{aligned}$$

従って、
$$g^{\rho\lambda}\nabla_\eta A_\lambda = \nabla_\eta A^\rho \tag{155}$$

46

が成り立つ。同様に、
$$g_{\mu\rho}\nabla_\eta A^\rho = \nabla_\eta A_\mu \tag{156}$$
となる。

2階のテンソルの共変微分も同じように求めることができる。$\partial_\mu F_{\nu\rho}$ の変換式を求めると、

$$\begin{aligned}
\partial'_\mu F'_{\nu\rho} &= \frac{\partial x^\eta}{\partial x'^\mu}\frac{\partial}{\partial x^\eta}\left(\frac{\partial x^\lambda}{\partial x'^\nu}\frac{\partial x^\sigma}{\partial x'^\rho}F_{\lambda\sigma}\right)\\
&= \frac{\partial x^\eta}{\partial x'^\mu}\left[\left(\frac{\partial}{\partial x^\eta}\frac{\partial x^\lambda}{\partial x'^\nu}\right)\frac{\partial x^\sigma}{\partial x'^\rho}F_{\lambda\sigma} + \frac{\partial x^\lambda}{\partial x'^\nu}\left(\frac{\partial}{\partial x^\eta}\frac{\partial x^\sigma}{\partial x'^\rho}\right)F_{\lambda\sigma} + \frac{\partial x^\lambda}{\partial x'^\nu}\frac{\partial x^\sigma}{\partial x'^\rho}\left(\frac{\partial}{\partial x^\eta}F_{\lambda\sigma}\right)\right]\\
&= \frac{\partial x^\eta}{\partial x'^\mu}\left(\frac{\partial^2 x^\lambda}{\partial x^\eta \partial x'^\nu}\right)\frac{\partial x^\sigma}{\partial x'^\rho}F_{\lambda\sigma} + \frac{\partial x^\eta}{\partial x'^\mu}\frac{\partial x^\lambda}{\partial x'^\nu}\left(\frac{\partial^2 x^\sigma}{\partial x^\eta \partial x'^\rho}\right)F_{\lambda\sigma} + \frac{\partial x^\eta}{\partial x'^\mu}\frac{\partial x^\lambda}{\partial x'^\nu}\frac{\partial x^\sigma}{\partial x'^\rho}(\partial_\eta F_{\lambda\sigma})\\
&= \left(\frac{\partial^2 x^\lambda}{\partial x'^\mu \partial x'^\nu}\right)\frac{\partial x^\sigma}{\partial x'^\rho}F_{\lambda\sigma} + \frac{\partial x^\lambda}{\partial x'^\nu}\left(\frac{\partial^2 x^\sigma}{\partial x'^\mu \partial x'^\rho}\right)F_{\lambda\sigma} + \frac{\partial x^\eta}{\partial x'^\mu}\frac{\partial x^\lambda}{\partial x'^\nu}\frac{\partial x^\sigma}{\partial x'^\rho}(\partial_\eta F_{\lambda\sigma})
\end{aligned} \tag{157}$$

このように、余分な項が2つ出てくるので、それを打ち消す項も2つ必要となる。従って、$F_{\nu\rho}$ の共変微分は次のような形になると予想される。

$$\nabla_\mu F_{\nu\rho} = \partial_\mu F_{\nu\rho} - \Gamma^\sigma_{\mu\nu}F_{\sigma\rho} - \Gamma^\sigma_{\mu\rho}F_{\nu\sigma} \tag{158}$$

実際、右辺第2項、第3項の変換式を求めると、

$$\begin{aligned}
&-\Gamma'^\sigma_{\mu\nu}F'_{\sigma\rho} - \Gamma'^\sigma_{\mu\rho}F'_{\nu\sigma}\\
&= -\left[\frac{\partial x^\eta}{\partial x'^\mu}\frac{\partial x^\lambda}{\partial x'^\nu}\frac{\partial x'^\sigma}{\partial x^\zeta}\Gamma^\zeta_{\eta\lambda} + \left(\frac{\partial^2 x^\lambda}{\partial x'^\mu \partial x'^\nu}\right)\frac{\partial x'^\sigma}{\partial x^\lambda}\right]\frac{\partial x^\xi}{\partial x'^\sigma}\frac{\partial x^\alpha}{\partial x'^\rho}F_{\xi\alpha}\\
&\quad -\left[\frac{\partial x^\eta}{\partial x'^\mu}\frac{\partial x^\lambda}{\partial x'^\rho}\frac{\partial x'^\sigma}{\partial x^\zeta}\Gamma^\zeta_{\eta\lambda} + \left(\frac{\partial^2 x^\lambda}{\partial x'^\mu \partial x'^\nu}\right)\frac{\partial x'^\sigma}{\partial x^\lambda}\right]\frac{\partial x^\xi}{\partial x'^\nu}\frac{\partial x^\alpha}{\partial x'^\sigma}F_{\xi\alpha}\\
&= -\frac{\partial x^\eta}{\partial x'^\mu}\frac{\partial x^\lambda}{\partial x'^\nu}\frac{\partial x'^\sigma}{\partial x^\zeta}\Gamma^\zeta_{\eta\lambda}\frac{\partial x^\xi}{\partial x'^\sigma}\frac{\partial x^\alpha}{\partial x'^\rho}F_{\xi\alpha} - \left(\frac{\partial^2 x^\lambda}{\partial x'^\mu \partial x'^\nu}\right)\frac{\partial x'^\sigma}{\partial x^\lambda}\frac{\partial x^\xi}{\partial x'^\sigma}\frac{\partial x^\alpha}{\partial x'^\rho}F_{\xi\alpha}\\
&\quad -\frac{\partial x^\eta}{\partial x'^\mu}\frac{\partial x^\lambda}{\partial x'^\rho}\frac{\partial x'^\sigma}{\partial x^\zeta}\Gamma^\zeta_{\eta\lambda}\frac{\partial x^\xi}{\partial x'^\nu}\frac{\partial x^\alpha}{\partial x'^\sigma}F_{\xi\alpha} - \left(\frac{\partial^2 x^\lambda}{\partial x'^\mu \partial x'^\rho}\right)\frac{\partial x'^\sigma}{\partial x^\lambda}\frac{\partial x^\xi}{\partial x'^\nu}\frac{\partial x^\alpha}{\partial x'^\sigma}F_{\xi\alpha}\\
&= -\frac{\partial x^\eta}{\partial x'^\mu}\frac{\partial x^\lambda}{\partial x'^\nu}\Gamma^\zeta_{\eta\lambda}\frac{\partial x^\alpha}{\partial x'^\rho}F_{\zeta\alpha} - \left(\frac{\partial^2 x^\lambda}{\partial x'^\mu \partial x'^\nu}\right)\frac{\partial x^\alpha}{\partial x'^\rho}F_{\lambda\alpha}\\
&\quad -\frac{\partial x^\eta}{\partial x'^\mu}\frac{\partial x^\lambda}{\partial x'^\rho}\Gamma^\zeta_{\eta\lambda}\frac{\partial x^\xi}{\partial x'^\nu}F_{\xi\zeta} - \left(\frac{\partial^2 x^\lambda}{\partial x'^\mu \partial x'^\rho}\right)\frac{\partial x^\xi}{\partial x'^\nu}F_{\xi\lambda}\\
&= -\frac{\partial x^\eta}{\partial x'^\mu}\frac{\partial x^\lambda}{\partial x'^\nu}\frac{\partial x^\alpha}{\partial x'^\rho}\Gamma^\zeta_{\eta\lambda}F_{\zeta\alpha} - \frac{\partial x^\eta}{\partial x'^\mu}\frac{\partial x^\lambda}{\partial x'^\rho}\frac{\partial x^\xi}{\partial x'^\nu}\Gamma^\zeta_{\eta\lambda}F_{\xi\zeta} - \left(\frac{\partial^2 x^\lambda}{\partial x'^\mu \partial x'^\nu}\right)\frac{\partial x^\alpha}{\partial x'^\rho}F_{\lambda\alpha}\\
&\quad - \left(\frac{\partial^2 x^\lambda}{\partial x'^\mu \partial x'^\rho}\right)\frac{\partial x^\xi}{\partial x'^\nu}F_{\xi\lambda}
\end{aligned}$$

添字をそろえて(第1項 $\alpha \to \sigma$、第2項 $\xi \to \lambda$、$\lambda \to \sigma$、第3項 $\alpha \to \sigma$、第4項 $\lambda \to$

$\sigma, \xi \to \lambda)$、

$$
\begin{aligned}
&= -\frac{\partial x^\eta}{\partial x'^\mu}\frac{\partial x^\lambda}{\partial x'^\nu}\frac{\partial x^\sigma}{\partial x'^\rho}\Gamma^\zeta_{\eta\lambda}F_{\zeta\sigma} - \frac{\partial x^\eta}{\partial x'^\mu}\frac{\partial x^\lambda}{\partial x'^\nu}\frac{\partial x^\sigma}{\partial x'^\nu}\Gamma^\zeta_{\eta\sigma}F_{\lambda\zeta} - \left(\frac{\partial^2 x^\lambda}{\partial x'^\mu \partial x'^\nu}\right)\frac{\partial x^\sigma}{\partial x'^\rho}F_{\lambda\sigma} \\
&\quad - \left(\frac{\partial^2 x^\sigma}{\partial x'^\mu \partial x'^\rho}\right)\frac{\partial x^\lambda}{\partial x'^\nu}F_{\lambda\sigma}
\end{aligned}
$$

この式の第3項、第4項は、式 (157) の第1項、第2項と打ち消しあう。従って、

$$
\partial'_\mu F'_{\nu\rho} - \Gamma'^\sigma_{\mu\nu}F'_{\sigma\rho} - \Gamma'^\sigma_{\mu\rho}F'_{\nu\sigma} = \frac{\partial x^\eta}{\partial x'^\mu}\frac{\partial x^\lambda}{\partial x'^\nu}\frac{\partial x^\sigma}{\partial x'^\rho}\left[\partial_\eta F_{\lambda\sigma} - \Gamma^\zeta_{\eta\lambda}F_{\zeta\sigma} - \Gamma^\zeta_{\eta\sigma}F_{\lambda\zeta}\right]
$$

が成立つことが分かる。

式 (158) を使って $g_{\nu\rho}$ の共変微分を計算すると、

$$
\begin{aligned}
\nabla_\mu g_{\nu\rho} &\\
&= \partial_\mu g_{\nu\rho} - \Gamma^\sigma_{\mu\nu}g_{\sigma\rho} - \Gamma^\sigma_{\mu\rho}g_{\nu\sigma} \\
&= \partial_\mu g_{\nu\rho} - \frac{1}{2}g^{\sigma\zeta}(\partial_\nu g_{\mu\zeta} + \partial_\mu g_{\zeta\nu} - \partial_\zeta g_{\nu\mu})g_{\sigma\rho} - \frac{1}{2}g^{\sigma\zeta}(\partial_\rho g_{\mu\zeta} + \partial_\mu g_{\zeta\rho} - \partial_\zeta g_{\rho\mu})g_{\nu\sigma} \\
&= \partial_\mu g_{\nu\rho} - \frac{1}{2}\delta^\zeta_\rho(\partial_\nu g_{\mu\zeta} + \partial_\mu g_{\zeta\nu} - \partial_\zeta g_{\nu\mu}) - \frac{1}{2}\delta^\zeta_\nu(\partial_\rho g_{\mu\zeta} + \partial_\mu g_{\zeta\rho} - \partial_\zeta g_{\rho\mu}) \\
&= \partial_\mu g_{\nu\rho} - \frac{1}{2}(\partial_\nu g_{\mu\rho} + \partial_\mu g_{\rho\nu} - \partial_\rho g_{\nu\mu}) - \frac{1}{2}(\partial_\rho g_{\mu\nu} + \partial_\mu g_{\nu\rho} - \partial_\nu g_{\rho\mu}) \\
&= 0
\end{aligned}
$$

このように、$g_{\nu\rho}$ の共変微分は 0 となる。上付きの $g^{\nu\rho}$ の共変微分も 0 である。

■ 参考文献

1. 内山龍雄：一般相対性理論
2. 後藤憲一：力学通論
3. メラー：相対性理論
4. 嵐田源二：「双子のパラドックス」の定量計算2

一般相対論的運動方程式の導出

2014年8月17日 初版発行
2016年11月15日 式151、式152 修正版
著　者　嵐田 源二 (あらしだ げんじ)
発行者　星野 香奈 (ほしの かな)
発行所　同人集合 暗黒通信団 (http://www.mikaka.org/~kana/)
　　　　〒277-8691 千葉県柏局私書箱54号 D係
頒　価　350円 / ISBN978-4-87310-210-8 C0042

間違いはどんどん指摘ください。本書の一部または全部を無断で複写、複製、転載、ファイル化等することは勘弁して下さい。

ⓒCopyright 2014-2016 暗黒通信団　　Printed in Japan